职业教育课程改革创新示范精品教材

水台工作
（第 2 版）

主　编　牛京刚　范春玥　王　辰
副主编　刘雪峰　向　军　史德杰
　　　　贾亚东
参　编　刘龙　李寅　李冬

北京理工大学出版社
BEIJING INSTITUTE OF TECHNOLOGY PRESS

版权专有　侵权必究

图书在版编目（CIP）数据

水台工作 / 牛京刚, 范春玥, 王辰主编. — 2版.
-- 北京：北京理工大学出版社, 2021.11
ISBN 978-7-5763-0671-2

Ⅰ. ①水… Ⅱ. ①牛… ②范… ③王… Ⅲ. ①烹饪－原料－加工－高等职业教育－教材 Ⅳ. ①TS972.111

中国版本图书馆CIP数据核字(2021)第232279号

出版发行 /	北京理工大学出版社有限责任公司
社　　址 /	北京市海淀区中关村南大街5号
邮　　编 /	100081
电　　话 /	（010）68914775（总编室）
	（010）82562903（教材售后服务热线）
	（010）68944723（其他图书服务热线）
网　　址 /	http://www.bitpress.com.cn
经　　销 /	全国各地新华书店
印　　刷 /	定州启航印刷有限公司
开　　本 /	889毫米×1194毫米　1/16
印　　张 /	8.5
字　　数 /	165千字
版　　次 /	2021年11月第2版　2021年11月第1次印刷
定　　价 /	33.00元

责任编辑／封　雪
文案编辑／毛慧佳
责任校对／刘亚男
责任印制／边心超

图书出现印装质量问题，请拨打售后服务热线，本社负责调换

序

　　以就业为导向的职业教育，是一种跨越职业场和教学场的职业教育，是一种典型的跨界教育。跨界的职业教育，必然要有跨界的思考。职业教育课程作为人才培养的核心，其跨界特征也决定了职业教育的课程，职业教育课程是一种跨界的课程。

　　课程开发必须解决两个问题：一是课程内容如何选择；二是课程内容如何排序。第一个问题很好理解，培养科学家、培养工程师、培养职业人才所要教授的课程内容是不同的；而第二个问题却是课程开发的关键所在。所谓课程内容的排序，是指课程内容的结构化。知识只有在结构化的情况下才能传递，没有结构的知识是难以传递的。但是，长期以来，教育却陷入了一个怪圈：以为课程内容只有一种排序方式，即依据学科体系的排序方式来组织课程内容，其所追求的是知识的范畴、结构、内容、方法、组织以及理论的历史发展。形象地说，这是在盖一个知识的仓库，所追求的是仓库里的每一层、每一格、每一个抽屉里放什么，所搭建的只是一个堆栈式的结构。然而，存储知识的目的在于应用。在一个人的职业生涯中，应用知识远比存储知识重要。因此，相对于存储知识的课程范式，一定存在着一个应用知识的课程范式。国际上把应用知识的教育称为行动导向的教育，把与之相应的应用知识的教学体系称为行动体系，也就是做事的体系，或者更通俗地、更确切地说，是工作的体系。这就意味着，除了存储知识的学科体系课程，还应该有一个应用知识的行动体系的课程，即存在一个基于行动体系的课程内容的排序方式。

　　基于行动体系课程的排序结构，就是工作过程。它所关注的是工作的对象、方式、内容、方法、组织以及工具的历史发展。按照工作过程排序的课程，是基于知识应用的课程，关注的是做事的过程、行动的过程。所以，教学过程或学习过程与工作过程的对接，已成为当今职业教育课程改革的共识。

但是，对实际的工作过程，若仅经过一次性的教学化的处理后就用于教学，很可能只是复制了一个具体的工作过程。这里，从复制一个学科知识的仓库到复制一个具体工作过程，尽管是向应用知识的实践转化，然而由于没有一个比较、迁移、内化的过程，学生很难获得可持续发展的能力。根据教育心理学"自迁移、近迁移和远迁移"的规律，以及中国哲学"三生万物"的思想，按照职业成长规律和认知学习规律，将实际的工作过程进行三次以上的教学化处理，并将其演绎为三个以上的有逻辑关系的、用于教学的工作过程，强调通过比较学习的方式，实现迁移、内化，进而使学生学会思考，学会发现、分析和解决问题，掌握资讯、计划、决策、实施、检查、评价的完整的行动策略，将大大促进学生的可持续发展。所以，借助于具体工作过程——"小道"的学习及其方法的习得实践，去掌握思维的工作过程——"大道"的思维和方法论，将使学生能从容应对和处置未来和世界可能带来的新的工作。

近年来，随着教学改革的深入，我国的职业教育正是在遵循'行动导向'的教学原则，强调在"为了行动而学习""通过行动来学习"和"行动就是学习"的教育理念以及在学习和借鉴国内外职业教育课程改革成功经验的基础之上，有所创新，形成了"工作过程系统化的课程"开发理论和方法。现在，这个教学原则已为广大职业院校一线教师所认同、所实践。

烹饪专业是以手工技艺为主的专业，比较适合以形象思维见长、善于动手的职业院校学生学习。烹饪专业学生职业成长具有自身的独特规律，如何借鉴工作过程系统化课程理论及其开发方法以及如何构建符合该专业特点的特色课程体系，是一个非常值得深入探究的课题。

令人欣喜的是，作为我国职业教育领域中一所很有特色的学校，有着30年烹饪办学经验的北京劲松职业高中这些年来，在烹饪专业课程教学的改革领域进行了全方位的改革与探索。通过组建由烹饪行业专家、职业教育课程专家和一线骨干教师构成的课程改革团队，学校在科学的调研和职业岗位分析的基础上确立了对烹饪人才的技能、知识和素质方面的培训要求，同时还结合该专业的特色，构建了烹饪专业工作过程系统化的理论与实践一体化的课程体系。

基于我国教育的实际情况,北京劲松职业高中在课程开发的基础上,编写了一套烹饪专业的工作过程系统化系列教材。这套教材以就业为导向,着眼于学生综合职业能力的培养,以学生为主体,注重"做中学,做中教",其探索执着,成果丰硕,而主要特色,有以下几点:

(1) 按照现代烹饪行业岗位群的能力要求,开发课程体系。

该课程及其教材遵循工作过程导向的原则,按照现代烹饪岗位及岗位群的能力要求,确定典型工作任务,并在此基础上对实际的工作任务和内容进行教学化的处理、加工与转化,通过进一步的归纳和整合,开发出基于工作过程的课程体系,以使学生学会在真实的工作环境中运用知识和岗位间协作配合的能力,为未来顺利适应工作环境和今后职业发展奠定坚实基础。

(2) 按照工作过程系统化的课程开发方法,设置学习单元。

该课程及其教材根据工作过程系统化课程开发的路线,以现代烹饪企业的厨房基于技法细化岗位内部分工的职业特点及职业活动规律,以真实的工作情境为背景,选取最具代表性的经典菜品、制品或原料作为任务、单元或案例性载体的设计依据,按照由易到难、由基础到综合的递进式逻辑顺序,构建了三个以上的学习单元(即"学习情境"),体现了学习内容序化的系统性。

(3) 对接现代烹饪行业和企业的职业标准,确定评价标准。

该课程及其教材针对现代烹饪行业的人才需求,融入现代烹饪企业岗位或岗位群的工作要求,对接行业和企业标准,培养学生的实际工作能力。在理实一体化的教学层面,以工作过程为主线,夯实学生的技能基础;在学习成果的评价层面,融入烹饪职业技能鉴定标准,强化练习与思考环节,通过专门设计的技能考级的理论与实操试题,全面检验学生的学习效果。

这套基于工作过程系统化的教材的编写和出版,是职业教育领域深入开展课程和教材改革的新成效的具体体现,是一个具有多年实践经验和教改成果的劲松职业高中的新贡献。我很荣幸将这套教材介绍并推荐给读者。

我相信,北京劲松职业高中在课程开发中的有益探索,一定会使这套教材的出版得到读者的青睐,也一定会在职业教育课程和教学的改革与发展中起到标杆的作用。

我希望,北京劲松职业高中开发的课程及其教材在使用的过程中不断得到改进、完善以及提高,为更多精品课程教材的开发夯实基础。

我也希望,北京劲松职业高中业已形成的探索、改革与研究的作风能一以贯之,在建立具有我国特色的职业教育和高等职业教育的课程体系的改革中做出更大的贡献。

改革开放以来,职业教育为中国经济社会的发展,做出了普通教育不可替代的贡献,不仅为国家的现代化培养了数以亿计的高素质劳动者和技能型人才,而且在提高教育质量的改革中,职业教育创新性的课程开发成功的经验与探索——已从基于知识存储的结果形态的学科知识系统化的课程范式,走向基于知识应用的过程形态的工作过程的课程范式,大大丰富了我国教育的理论与实践。

历史必定会将职业教育的"功勋"铭刻在其里程碑上。

　　本教材根据《国家中长期教育改革和发展规划纲要》中"以服务为宗旨,以就业为导向,推进教育教学改革"的要求,以校企合作的方式编写,贯彻《国家职业教育改革实施方案》的精神,深入推进"三教"改革,落实立德树人根本任务;同时遵循北京市以工作过程为导向的专业课程改革理念,以中餐烹饪专业人才培养方案和北京市职业学校工作过程导向的中餐烹饪专业核心课程标准为依据,结合新课程实施情况。

　　本教材共分为四个单元(其中含有十八个任务),分别为果蔬类原料的初加工、畜肉类原料的初加工、禽肉类原料的初加工、水产类原料的初加工。

　　本教材中的每个任务都分为七个模块:任务描述、相关知识、成品标准、加工前准备、加工过程、评价标准和拓展任务,注重让学生在学习知识、训练技能的同时养成良好的操作安全意识。

　　本教材突出体现了以下特色。

　　第一,不再以技能为主线,而是以任务为载体,按任务由简到繁进行排列,将技能学习的规律整合在任务中。

　　第二,以餐饮企业的需求为教学目标,教学内容均来自企业真实的工作任务,吸纳了餐饮行业企业的新知识、新技术、新工艺和新方法。另外,本教材还注意与职业技能鉴定的内容衔接,体现了烹饪的新要求,实用性强。

　　第三,将知识巩固、技能掌握与价值塑造有机融合。例如,在"加工过程"模块,按照工作流程给出操作提示,引导学生思考和探究,在实践中强化标准意识、安全意识和卫生意识。

　　第四,图文并茂,用丰富的数字资源支持混合式教学改革。传统教材过分强调理论知识和技法传授，与原料初加工成品区别不大，图示很少而且简单。本教材改变了这些弊端，文字表达准确，符合学生的认知水平和思维习惯，方便学生自学。此外，本教材还配套提供了十八个任务的技能操作视频、相关 PPT 以及测试题，同时也建设成了适合开展混合式教学的线上精品课程。

本教材中的教学目标涵盖了专业课程目标、劳动部技能证书考试标准、行业标准及全国职业院校技能大赛标准。因此，本教材不仅适合烹饪类专业的学生使用，也同样适合参加劳动部相关考证培训及各类相关企业培训的人员使用。

本教材编写团队实力雄厚，由行业专家和课程专家全程指导，企业厨房高管、一线高技能人才共同编写。其中，主编牛京刚老师是北京市劲松职业高中高级讲师、中烹高级技师、中国烹饪大师、中国餐饮 30 年杰出人物、全国烹饪大赛评委、国家劳动技能鉴定裁判、北京市职业院校专业带头人、北京电视台《食全食美》栏目表演大厨。副主编刘雪峰老师是中国烹饪大师、山东省劳动模范，享受国务院特殊津贴专家；向军老师是正高级讲师、全国模范教师、中烹高级技师、中国烹饪大师；李冬是北京瑜舍酒店行政总厨。

本教材的编写分工如下：牛京刚、范春玥负责单元一中的任务一、任务二、任务三；刘雪峰、李寅负责单元一中的任务四、任务五、任务六；王辰、刘龙负责单元二中的任务一、任务二、任务三；向军、李冬负责单元三中的任务一、任务二、任务三；史德杰、贾亚东负责单元四中的任务一、任务二、任务三；牛京刚、王辰负责单元四中的任务四、任务五、任务六。

在教材编写过程中得到了北京市课改专家杨文尧校长、北京市烹饪特级教师李刚校长的指导。另外，香港赛马会、北京瑞吉酒店、北京瑜舍酒店等多家企业也给予了本教材很多支持，在此深表感谢。

由于时间仓促，编者水平有限，教材中难免存在不妥之处，恳请广大读者批评指正。

编　者
2021 年 1 月

目录
CONTENTS

单元一　果蔬类原料的初加工

单元导读 ·· 2
任务一　白菜的初加工 ··· 3
任务二　莴笋和土豆的初加工 ·· 10
任务三　黄瓜的初加工 ··· 18
任务四　扁豆的初加工 ··· 25
任务五　菜花的初加工 ··· 31
任务六　香菇的初加工 ··· 36

单元二　畜肉类原料的初加工

单元导读 ·· 44
任务一　半扇猪的初加工 ·· 45
任务二　牛肉的初加工 ··· 53
任务三　半扇羊的初加工 ·· 60

单元三　禽肉类原料的初加工

单元导读 ·· 68
任务一　整鸡的初加工 ··· 69
任务二　整鸭的初加工 ··· 75
任务三　鸽子的初加工 ··· 80

单元四　水产类原料的初加工

单元导读……………………………………………………………………………86
任务一　草鱼的初加工……………………………………………………………87
任务二　鳝鱼的初加工……………………………………………………………93
任务三　鱿鱼的初加工……………………………………………………………99
任务四　海螺的初加工……………………………………………………………105
任务五　白虾的初加工……………………………………………………………110
任务六　河蟹的初加工……………………………………………………………115

附录

附录1　水台开档与收档…………………………………………………………121
附录2　水台常用设备与工具……………………………………………………125

单元一 果蔬类原料的初加工

单元导读

一、单元内容

水台的工作任务分别是白菜的初加工、莴笋的初加工、土豆的初加工、黄瓜的初加工、扁豆的初加工、菜花的初加工、香菇的初加工，是从果蔬类原料中选取的典型初加工原料。通过加工以上原料，学生可以了解蔬菜类初加工的操作步骤。要求学生能运用择、拣、洗、削、挖、切等技法对原料进行初加工，为砧板厨房提供符合标准的原料。

二、单元要求

本单元的任务要求学生在与企业厨房生产环境一致的实训环境中完成。学生通过实际训练，能够初步体验适应水台工作环境；能够按照水台岗位工艺流程，基本完成开档和收档工作；能够按照岗位工艺流程，运用水台原料初加工技法完成蔬菜类原料的初加工，为砧板厨房提供合格的细加工原料，并在工作中培养合作意识、安全意识和卫生意识。

三、岗位工艺流程

（1）水台开档，整理清洗工具。
（2）依单领取原料，并进行原料的鉴别。
（3）对原料进行初加工。
（4）水台收档，清洗工具和设备，清理工作区域。
（5）对剩余原料进行保管。
（6）将初加工制品转入砧板厨房。

任务一 白菜的初加工

一、任务描述

[内容描述]

在水台岗位环境中，运用拣、择、切、剥、清洗等技法完成白菜的初加工。

[学习目标]

（1）了解白菜的初加工操作要求。
（2）能够对白菜的品质进行鉴别。
（3）能够运用拣、择、切、剥、清洗等技法，对白菜进行初加工。
（4）能够对白菜及其剩余原料进行保管。
（5）培养学生养成良好的操作习惯。

二、相关知识

（一）叶菜类蔬菜简介

叶菜类蔬菜是以叶片和叶柄作为可食部位的蔬菜，按其形状的不同，又可分为普通叶菜和结球叶菜。普通叶菜的品种很多，常见的有大白菜、小白菜、菠菜、油菜、芥蓝、香菜、芹菜等；而结球叶菜则有圆白菜、团生菜、紫甘蓝等。

（二）白菜的品质鉴定

白菜原产于我国北方，是十字花科芸薹属叶用蔬菜，通常指大白菜，也包括小白菜以及由甘蓝的栽培变种结球甘蓝，即"圆白菜"或"洋白菜"。

选购时，应挑选球体紧密结实、底部坚硬，且叶片完整、没有枯黄、老硬、腐烂等现象的白菜为宜。

（三）白菜的烹饪方法

白菜味道鲜美，可素炒，也可醋溜，还可制成金汤白菜，是人们餐桌上的常见菜。

三、成品标准

白菜的初加工完成后，应清洗后表面光洁、无锈斑、无腐烂叶片，分档清洗，如图 1-1 所示。

图 1-1　白菜成品标准

四、加工前准备

1．工作环境

室内常温，光线明亮，有上下水、水池、工作台和相对独立的工作环境。

2．原料准备

北京青白 3 500 克，如图 1-2 所示。

3．工具

申购单、领料单、菜墩、片刀、刮皮刀、刮鳞器、镊子、刀架、挡刀棍、磨刀石、料筐、桶、盆、方盘、马斗、保鲜膜。

4．设备

不锈钢四门冰柜、水台消毒池、肉类清洗池、蔬菜清洗池、海鲜养殖池、操作台。

图 1-2　北京青白

五、加工过程

1．白菜的初加工

白菜的初加工如图 1-3 所示。

步骤一：
去掉白菜的老叶、烂叶等。

步骤二：
切掉白菜根。

步骤三：
择去白菜的棕黑色烧心部分。

步骤四：
清洗初加工完毕的白菜。

步骤五：
将白菜叶和白菜帮分别放入盘中分档。

图 1-3　白菜的初加工

2．白菜初加工的技术要点

（1）掰白菜叶时，应尽量把菜叶和菜帮完整取下。

（2）清洗白菜时，应尽量轻柔，不要伤损菜叶。

六、评价标准

评价标准见表 1-1。

表 1-1　评价标准

原料名称	评价标准	总分	得分
白菜	初加工好的白菜应洁净、形态规整、无损伤	20	
	处理时间不超过 10 分钟	10	
	适合在砧板上加工成条、片、丝、块、丁等形状	50	
	操作过程符合水台卫生标准	20	
合计		100	

七、拓展任务

（一）芥蓝

1. 芥蓝简介

芥蓝（图1-4）是十字花科、芸薹属甘蓝类一年生草本植物。其原产于我国南方，栽培历史悠久，是我国的特产蔬菜。芥蓝柔嫩、鲜脆、清甜、味鲜美，含有丰富的矿物质，是叶菜类中营养比较丰富的一种，可炒食、制汤或作配菜。

图1-4　芥蓝

2. 芥蓝的初加工

芥蓝的初加工如图1-5所示。

步骤一：去掉芥蓝的老叶、烂叶。

步骤二：去除芥蓝根部。

步骤三：削去老筋。

步骤四：清洗芥蓝表面。

图1-5　芥蓝的初加工

3. 成品标准

芥蓝成品标准如图 1-6 所示。

图 1-6　芥蓝成品标准

（二）油菜

1. 油菜简介

油菜（图 1-7）别名油白菜，是茎、叶用蔬菜，颜色深绿，属十字花科白菜的变种。其在我国南北广为栽培。油菜喜冷凉，抗寒力较强，根系较发达，主根入土深，支、细根多，要求土层深厚，结构良好。

图 1-7　油菜

2. 油菜的初加工

油菜的初加工如图 1-8 所示。

步骤一：将油菜的老叶、烂叶剥去。

步骤二：去除油菜根部。

图 1-8　油菜的初加工步骤

步骤三：将油菜一分为四。

步骤四：清洗油菜表面。

图 1-8　油菜的初加工步骤（续）

3．成品标准

油菜成品标准如图 1-9 所示。

图 1-9　油菜成品标准

（三）小白菜

1．小白菜简介

小白菜（图 1-10）又名不结球白菜、青菜、油菜，十字花科芸薹属。其原产于我国，在南北方均有分布，栽培范围十分广泛。小白菜是芥属栽培植物，植株较矮小，根系浅，须根发达。其叶色由淡绿至墨绿，叶片倒卵形或椭圆形，叶片光滑或褶缩，少数有绒毛；叶柄肥厚，白色或绿色，不结球。

图 1-10　小白菜

2. 小白菜的初加工

小白菜的初加工如图 1-11 所示。

步骤一：
将小白菜的老叶、烂叶剥去，再将根部去掉。

步骤二：
将小白菜掰开。

步骤三：
清洗菜叶。

图 1-11　小白菜的初加工

3. 成品标准

小白菜成品标准如图 1-12 所示。

图 1-12　小白菜成品标准

任务二　莴笋和土豆的初加工

一、任务描述

[内容描述]

在水台岗位环境中,运用刷、择、削、清洗、浸泡等技法完成莴笋、土豆的初加工。

[学习目标]

(1) 理解莴笋和土豆的初加工操作要求。
(2) 能够对莴笋和土豆的品质进行鉴别。
(3) 能够运用刷、削、剥、清洗、浸泡等技法对莴笋、土豆进行初加工。
(4) 能够对莴笋、土豆及其剩余原料进行保管。
(5) 培养学生养成良好的操作习惯。

二、相关知识

(一)根茎类蔬菜简介

使用部分为根或茎的蔬菜都属于根茎类。其常见品种有土豆、山药、莴苣、大葱、萝卜,伞形科的胡萝卜、根芹菜等。根茎类蔬菜含有丰富的维生素、碳水化合物,以及钙、磷、铁等营养物质,营养丰富,吃法多样,并较耐储藏,还可制成各种加工制品,是我国重要蔬菜之一。

(二)莴笋和土豆的品质鉴定

1. 莴笋的品质鉴定

莴笋,别名茎用莴苣、莴苣笋、青笋、莴菜,原产于阿富汗,后引入中国。莴笋是春季及秋季、冬季重要的蔬菜之一。其地上茎可供食用,茎皮白绿色,茎肉质脆嫩,幼嫩茎翠绿，成熟后转变为白绿色。莴笋含水分多，质地脆嫩，味道鲜美。

选购时应挑选菜体紧密结实、底部坚硬，且叶片、根茎完整、没有枯黄、老硬、腐烂等现象的莴笋为宜。

2．土豆的品质鉴定

土豆，属茄科，一年生草本植物。土豆的茎分地上茎和地下茎两部分。土豆不仅是中国五大主食之一，也是全球第三大重要的粮食作物，仅次于小麦和玉米。

选购时应挑选紧密结实、底部坚硬，完整、没有绿芽、腐烂等现象者为宜。

（三）莴笋和土豆的烹饪方法

莴笋和土豆均为大家常吃的蔬菜，可炒着吃，也可凉拌，味道特别好。

三、成品标准

莴笋和土豆（图2-1）的初加工完成后，清洗后表面应光洁，莴笋无白色硬筋，土豆无疤结、无绿芽。

图2-1　莴笋和土豆成品标准

四、加工前准备

1．工作环境

室内常温，光线明亮，有上下水、水池、工作台和相对独立的工作环境。

2．原料准备

莴笋（1 000克）和土豆（500克），如图2-2所示。

图 2-2　莴笋和土豆

3．工具

申购单、领料单、菜墩、片刀、刮皮刀、刮鳞器、镊子、刀架、挡刀棍、磨刀石、料筐、桶、盆、方盘、马斗、保鲜膜。

4．设备

不锈钢四门冰柜、水台消毒池、肉类清洗池、蔬菜清洗池、海鲜养殖池、操作台。

五、加工过程

1．莴笋的初加工

莴笋的初加工如图 2-3 所示。

步骤一：
去掉莴笋的老叶、烂叶。

步骤二：
切掉莴笋根。

步骤三：
削去莴笋皮。

步骤四：
清洗加工好的莴笋。

图 2-3　莴笋的初加工

2．土豆的初加工

土豆的初加工如图 2-4 所示。

步骤一：
去掉土豆皮。

步骤二：
挖掉绿芽和疤结。

步骤三：
清洗加工好的土豆。

步骤四：
浸泡清洗好的土豆。

图 2-4　土豆的初加工

六、评价标准

评价标准见表 2-1。

表 2-1　评价标准

原料名称	评价标准	总分	得分
莴笋和土豆	初加工好的莴笋和土豆应洁净、形态规整、无损伤	20	
	处理时间不超过 15 分钟	10	
	适合在砧板上加工成条、片、丝、块、丁等形状	50	
	操作过程符合水台卫生标准	20	
合计		100	

七、拓展任务

（一）山药

1. 山药简介

薯蓣（shǔ yù），通称山药（图2-5）。古怀庆府所产的山药是四大怀药（怀山药、怀牛膝、怀地黄、怀菊花）之一。山药是多年生草本植物，茎蔓生，常带紫色，块根圆柱形，叶子对生，卵形或椭圆形，花乳白色，雌雄异株。其块根含淀粉和蛋白质，可以食用，主产河南。此外，湖南、湖北、山西、云南、河北、陕西、江苏、浙江、江西、贵州、四川等地亦产。山东太平镇泗河畔的山药产量不高，但是品质很高，有比较悠久的历史。由于山药中含有大量黏液和淀粉，如果受潮则易变软发黏，两个星期左右就会发霉，皮色变黄，并最易生虫，故在储藏过程中应防止湿气侵袭。其具体方法是用木箱包装山药，将牛皮纸铺垫在箱内，箱角衬以刨花或木丝，然后将山药排列整齐装入其中，上面再铺上牛皮纸，钉箱密封，置于通风、凉爽、干燥之处。

图2-5 山药

2. 山药的初加工

山药的初加工如图2-6所示。

步骤一：
刷洗山药表面，去除泥沙。

步骤二：
将山药切成两段，便于去皮。

步骤三：
去除山药表皮。

图2-6 山药的初加工

步骤四：
去除山药的疤结。

步骤五：
用清水浸泡并清洗山药。

图 2-6　山药的初加工（续）

3．成品标准

山药成品标准如图 2-7 所示。

图 2-7　山药成品标准

（二）芋头

1．芋头简介

芋头（图 2-8），多年生块茎植物，常作一年生作物栽培。其叶片盾形，叶柄长而肥大，呈绿色或紫红色；植株基部形成短缩茎，逐渐积累养分，形成肉质球茎，称为"芋头"或"母芋"，球形、卵形、椭圆形或块状等。母芋每节上都有一个脑芽，但以中下部节位的腋芽活动力最强，其发生第一次分蘖而形成小球茎称为"子芋"，再从子芋发生"孙芋"，在适宜条件下，甚至还可形成曾孙或玄孙芋等。

图 2-8　芋头

2. 芋头的初加工

芋头的初加工如图 2-9 所示。

步骤一： 刷洗芋头表皮，去除泥沙。

步骤二： 去除芋头表皮。

步骤三： 去除芋头根部和疤结。

图 2-9 芋头的初加工

3. 成品标准

芋头成品标准如图 2-10 所示。

图 2-10 芋头成品标准

（三）莲藕

1. 莲藕简介

莲藕（图 2-11），又称藕。其味道微甜而脆，而且具有药用价值。将藕制成粉，能消食止泻，开胃清热，滋补养性，预防内出血，是妇孺童妪、体弱多病者上好的流质食品和滋补佳珍。莲藕原产于印度，后来引入中国，目前在山东、河南、河北等地均有种植。另外，莲藕还富含淀粉、蛋白质、维生素 B 族、维生素 C、脂肪、碳水化合物、钙、磷、铁等。

图 2-11 莲藕

2．莲藕的初加工

莲藕的初加工如图 2-12 所示。

步骤一：
刷洗莲藕表皮并去除污泥。

步骤二：
将莲藕切开，以利于去皮。

步骤三：
去除莲藕的表皮和疤结。

图 2-12　莲藕的初加工

3．成品标准

莲藕成品标准如图 2-13 所示。

图 2-13　莲藕成品标准

任务三 黄瓜的初加工

一、任务描述

[内容描述]

在水台岗位环境中,运用刷、削、清洗等技法完成黄瓜原料的初加工。

[学习目标]

(1) 了解黄瓜的初加工操作要求。
(2) 能够对黄瓜的品质进行鉴别。
(3) 能够运用刷、削、清洗等技法对黄瓜进行初加工。
(4) 能够对黄瓜及其剩余原料进行保管。
(5) 培养学生养成良好的操作习惯。

二、相关知识

(一) 瓜果类蔬菜简介

瓜果类蔬菜中的番茄、黄瓜、辣椒、冬瓜、南瓜等含水量较高,越鲜嫩多汁,其质量就越好,含维生素越高。注意,含水量高的瓜果类蔬菜不易储藏,容易腐烂变质。

(二) 黄瓜的种类和品质鉴定

黄瓜,也称胡瓜、青瓜,葫芦科黄瓜属,是由西汉时期张骞出使西域带回中原的。黄瓜广泛分布于中国各地,并且为主要的温室产品之一。其茎上覆有毛,富含汁液,叶片上有3～5枚裂片,其上覆有绒毛。黄瓜的果实颜色呈油绿或翠绿。

选购时应挑选紧密结实、质地坚硬、完整、无腐烂的黄瓜为宜。

（三）黄瓜的烹饪方法

黄瓜口感清爽，无论是凉拌还是炒着吃，都让人十分喜欢。

三、成品标准

初加工完成后，去皮黄瓜表面应光洁，带皮黄瓜表面针刺应刷洗掉，如图3-1所示。

图3-1　黄瓜成品标准

四、加工前准备

1．工作环境

室内常温，光线明亮，有上下水、水池、工作台和相对独立的工作环境。

2．原料准备

黄瓜2 500克，如图3-2所示。

图3-2　黄瓜

3．工具

申购单、领料单、菜墩、片刀、刮皮刀、刮鳞器、镊子、刀架、挡刀棍、磨刀石、料筐、桶、盆、方盘、马斗、保鲜膜。

4．设备

不锈钢四门冰柜、水台消毒池、肉类清洗池、蔬菜清洗池、海鲜养殖池、操作台。

五、加工过程

黄瓜的初加工如图 3-3 所示。

步骤一：
去掉黄瓜花。

步骤二：
切掉根部。

步骤三：
去掉黄瓜皮。

步骤四：
清洗加工好的黄瓜并将其浸泡在水中。

图 3-3　黄瓜的初加工

六、评价标准

评价标准见表 3-1。

表 3-1　评价标准

原料名称	评价标准	总分	得分
黄瓜	初加工好的黄瓜洁净、形态规整、无损伤	20	
	处理时间不超过 10 分钟	10	
	适合在砧板上加工成条、片、丝、块、丁等形状	50	
	操作过程符合水台卫生标准	20	
合计		100	

七、拓展任务

（一）冬瓜

1. 冬瓜简介

冬瓜（图3-4），瓜形状如枕，为一年生草本植物，原产于中国南方和印度。其茎上有卷须，能爬蔓，叶片大，开黄花。其果实球形或长圆柱形，表面有毛和白粉，皮和种子可入药。挑选时用指甲掐一下，皮较硬，肉质致密，种子已成熟变成黄褐色的冬瓜口感较好。

图3-4 冬瓜

2. 冬瓜的初加工

冬瓜的初加工如图3-5所示。

步骤一：
清洗冬瓜表皮。

步骤二：
将冬瓜切成两半，这样便于去除表皮。

步骤三：
去除冬瓜表皮。

步骤四：
将去皮后的冬瓜切开。

步骤五：
去除冬瓜瓤。

步骤六：
去除另一部分冬瓜瓤。

图3-5 冬瓜的初加工

3．成品标准

冬瓜成品标准如图 3-6 所示。

图 3-6　冬瓜成品标准

（二）南瓜

1．南瓜简介

南瓜（图 3-7）是葫芦科南瓜属的植物，原产于中南美洲。南瓜在中国各地都有栽种，果实有圆、扁圆、长圆、纺锤形或葫芦形，先端多凹陷，表面光滑或有瘤状突起和纵沟，成熟后表面有白霜。其种皮呈灰白色或茶褐色，边缘较粗糙；肉厚，黄白色，老熟后有特殊香气，味甜而面。南瓜可作饲料或杂粮，所以有很多地方又称其为饭瓜。在西方，南瓜常被用来制作南瓜派。

图 3-7　南瓜

2．南瓜的初加工

南瓜的初加工如图 3-8 所示。

步骤一：
清洗南瓜表皮。

步骤二：
将南瓜切开。

步骤三：
去除南瓜表皮。

图 3-8　南瓜的初加工

步骤四：去除南瓜蒂。

步骤五：去除南瓜的白筋。

步骤六：去除南瓜瓤。

图 3-8　南瓜的初加工（续）

3．成品标准

南瓜成品标准如图 3-9 所示。

图 3-9　南瓜成品标准

（三）丝瓜

1．丝瓜简介

丝瓜（图 3-10）又称菜瓜，原产于印度，在东亚地区广泛种植。丝瓜是葫芦科攀援草本植物，根系强大。其果实为夏季蔬菜，所含皂苷类物质、丝瓜苦味、黏液质、木胶、瓜氨酸、木聚糖和干扰素等物质具有一定的特殊作用。南瓜成熟时里面的网状纤维称丝瓜络，可代替海绵使用，如洗刷灶具及家具。

图 3-10　丝瓜

2. 丝瓜的初加工

丝瓜的初加工如图 3-11 所示。

步骤一：
将丝瓜去除头尾。

步骤二：
去除丝瓜皮。

步骤三：
清洗去皮后的丝瓜。

图 3-11　丝瓜的初加工步骤

3. 成品标准

丝瓜成品标准如图 3-12 所示。

图 3-12　丝瓜成品标准

任务四 扁豆的初加工

一、任务描述

[内容描述]

在水台岗位环境中,运用拣、择、清洗、沥水等技法完成扁豆的初加工。

[学习目标]

(1)了解扁豆的初加工操作要求。
(2)能够对扁豆的品质进行鉴别。
(3)能够运用捡、择、清洗、沥水等技法对扁豆进行初加工。
(4)能够对扁豆及其剩余原料进行保管。
(5)培养学生养成良好的操作习惯。

二、相关知识

(一)豆类蔬菜简介

以植物的荚果和种子为食用部位的蔬菜称为豆类蔬菜,如豌豆、刀豆、毛豆、荷兰豆、豇豆等。处理可食用荚果的豆类时,一般应先去蒂和顶尖,再撕去两边的筋,然后清洗,如刀豆、荷兰豆、扁豆等。可食用种子的豆类,应削去外壳取出豆粒,冲洗干净,如豌豆、毛豆等。豆类蔬菜剥出后不立即烹调,应放在开水锅里焯水,并用冷水投凉,以防止豆粒变色、变质,易储藏与保存。

(二)扁豆的品质鉴定

扁豆是豆科、扁豆属多年生缠绕藤本植物。扁豆花有红、白两种,豆荚有绿白、浅绿、粉红或紫红等色。扁豆起源于亚洲西南部和地中海东部地区,多种在温带和亚热带地区。扁豆在中国主要产于山西、陕西、甘肃、河北、河南、云南等省。

（三）扁豆的烹饪方法

扁豆营养丰富，口感鲜美，烹饪方法有五花肉炒扁豆、酸辣扁豆等。

三、成品标准

扁豆的初加工完成后，应去筋，去头尾，清洗后表面光洁，如图 4-1 所示。

图 4-1　扁豆成品标准

四、加工前准备

1．工作环境

室内常温，光线明亮，有上下水、水池、工作台和相对独立的工作环境。

2．原料准备

扁豆 2 500 克，如图 4-2 所示。

图 4-2　扁豆

3．工具

申购单、领料单、菜墩、片刀、刮皮刀、刮鳞器、镊子、刀架、挡刀棍、磨刀石、料筐、桶、盆、方盘、马斗、保鲜膜。

4．设备

不锈钢四门冰柜、水台消毒池、肉类清洗池、蔬菜清洗池、海鲜养殖池、操作台。

五、加工过程

扁豆的初加工如图 4-3 所示。

步骤一：
将扁豆去蒂。

步骤二：
将扁豆去筋。

步骤三：
清洗加工好的扁豆并将其浸泡后沥水。

图 4-3 扁豆的初加工

六、评价标准

评价标准见表 4-1。

表 4-1 评价标准

原料名称	评价标准	总分	得分
扁豆	初加工好的扁豆应洁净、形态规整、无损伤	20	
	处理时间不超过 10 分钟	10	
	适合在砧板上加工成段、丝、丁等形状	50	
	操作过程符合水台卫生标准	20	
合计		100	

七、拓展任务

（一）龙豆

1．龙豆简介

龙豆（图 4-4），即四棱豆，又称四角豆、扬桃豆、翼豆、翅豆、皇帝豆、香龙豆、去宵豆等，原产于热带非洲和东南亚的热带雨林。其在中国主要生长在海南、西双版纳等地。龙豆是一年或多年生草本植物，根系发达，有较多的根瘤，固氮能力强。

图 4-4 龙豆

2．龙豆的初加工

龙豆的初加工如图 4-5 所示。

步骤一：去除龙豆的头尾。

步骤二：去除龙豆筋。

步骤三：清洗龙豆。

图 4-5 龙豆的初加工

3．成品标准

龙豆成品标准如图 4-6 所示。

图 4-6 龙豆成品标准

（二）甜豆

1．甜豆简介

甜豆（图 4-7）是豆科豌豆属一年生攀缘草本植物，营养价值很高，属于高档蔬菜。

甜豆中含有多种人体必需的氨基酸，而且味道很好，清炒、煮汤、涮食皆可。

图 4-7　甜豆

2．甜豆的初加工

甜豆的初加工如图 4-8 所示。

步骤一：去除甜豆的头尾。

步骤二：去除甜豆筋。

图 4-8　甜豆的初加工

3．成品标准

甜豆成品标准如图 4-9 所示。

图 4-9　甜豆成品标准

（三）蚕豆

1．蚕豆简介

蚕豆（图 4-10），豆科巢菜属，一年生或越年生草本植物，为粮食、蔬菜和饲料、绿肥兼用作物。蚕豆起源于西南亚和北非，相传由西汉张骞自西域引入中原。蚕豆营养丰富，含多种人体必需的氨基酸，而且碳水化合物含量高达47%～60%。

图4-10 蚕豆

2．蚕豆的初加工

蚕豆的初加工如图4-11所示。

步骤一：
去除蚕豆筋。

步骤二：
撕开蚕豆皮，取出蚕豆。

步骤三：
清洗蚕豆。

图4-11 蚕豆的初加工

3．成品标准

蚕豆成品标准如图4-12所示。

图4-12 蚕豆成品标准

任务五　菜花的初加工

一、任务描述

[内容描述]

在水台岗位环境中，运用拣、择、削、清洗、浸泡、沥水等技法完成菜花的初加工。

[学习目标]

（1）了解菜花的初加工操作要求。
（2）能够对菜花的品质进行鉴别。
（3）能够运用择、削、清洗、浸泡、沥水等技法对菜花进行初加工。
（4）能够对菜花及其剩余原料进行保管。
（5）培养学生养成良好的操作安全习惯。

二、相关知识

（一）花菜类蔬菜简介

以主茎顶端形成白色或乳白色的花球为食用部位的蔬菜称为花菜类蔬菜，如白菜花、黄菜花、西兰花、宝塔菜花等。可食用的花菜类蔬菜，一般应先去掉叶和黄斑后再清洗，以防止变色、变质，易于储藏。

（二）菜花的品质鉴定

菜花又名花菜、菜花或椰菜花，是一种十字花科的蔬菜，为甘蓝的变种。菜花的头部为白色花序，与西兰花的头部类似。菜花富含维生素B和维生素C。这些成分易受热溶出而流失，所以菜花不宜高温烹调，也不适合水煮。原产地中海沿岸，其感官为洁白、短缩、肥嫩的花蕾、花枝、花轴等聚合而成的花球，是一种粗纤维含量低，口感细嫩，营养丰富，味道鲜美的蔬菜。挑选菜花时应以肥大、洁白、硬度大、紧实、无虫蛀、无损伤、不腐烂的菜花为宜。

（三）菜花的烹饪方法

凉拌菜花和肉片炒菜花都是非常受人们喜爱的大众菜，味道很好。

三、成品标准

菜花的初加工完成后，若有锈迹，应去掉，清洗后表面洁白，如图5-1所示。

图5-1　菜花成品标准

四、加工前准备

1．工作环境

室内常温，光线明亮，有上下水，水池、工作台和相对独立的工作环境。

2．原料准备

菜花2 500克，如图5-2所示。

图5-2　菜花

3．工具

申购单、领料单、菜墩、片刀、刮皮刀、刮鳞器、镊子、刀架、挡刀棍、磨刀石、料筐、桶、盆、方盘、马斗、保鲜膜。

4．设备

不锈钢四门冰柜、水台消毒池、肉类清洗池、蔬菜清洗池、海鲜养殖池、操作台。

五、加工过程

菜花的初加工如图 5-3 所示。

步骤一：
去掉绿叶。

步骤二：
削去表面斑迹。

步骤三：
清洗加工好的菜花并将其浸泡、沥水。

图 5-3　菜花的初加工

六、评价标准

评价标准见表 5-1。

表 5-1　评价标准

原料名称	评价标准	总分	得分
菜花	初加工好的菜花应洁净、形态规整、无损伤	20	
	处理时间不超过 10 分钟	10	
	适合在砧板上加工成朵、丁等形状	50	
	操作过程符合水台卫生标准	20	
合计		100	

七、拓展任务

（一）西兰花

1．西兰花简介

西兰花（图 5-4）质地肥嫩，色泽碧绿，耐寒和耐热力强，含有较多的叶酸、维生素 C、钙等。

图 5-4　西兰花

2．西兰花的初加工

西兰花的初加工如图 5-5 所示。

步骤一：去除西兰花的叶子。
步骤二：去除西兰花根部。
步骤三：去除西兰花根部表皮。

图 5-5　西兰花的初加工

3．成品标准

西兰花成品标准如图 5-6 所示。

图 5-6　西兰花成品标准

（二）宝塔菜

1．宝塔菜简介

宝塔菜（图 5-7）起源于地中海北部，适宜于温和湿润气候，植株营养生长的适宜温度为 20 ℃～28 ℃，转入生殖生长而结球的温度以 18 ℃～22 ℃为宜。株形开展，叶片宽大肥厚有蜡粉，耐寒性好，抗病性强，适应性广，易栽培。宝塔菜的可食用部分为细小花蕾密集成圆锥形小花，再由多个小花组成塔状花球。其外观新颖独特，口味好。

图 5-7　宝塔菜

2．宝塔菜的初加工

宝塔菜的初加工如图 5-8 所示。

步骤一：
去除宝塔菜叶。

步骤二：
去除宝塔菜根部。

步骤三：
清洗宝塔菜表面。

图 5-8　宝塔菜的初加工

3．成品标准

宝塔菜成品标准如图 5-9 所示。

图 5-9　宝塔菜成品标准

任务六 香菇的初加工

一、任务描述

[内容描述]

在水台岗位环境中，运用拣、择、削等技法完成香菇的初加工。

[学习目标]

（1）了解香菇的初加工操作要求。
（2）能够对香菇品质进行鉴别。
（3）能够运用择、削、清洗、浸泡、沥水等技法对香菇进行初加工。
（4）能够对香菇及其剩余原料进行保管。
（5）培养学生养成良好的操作习惯。

二、相关知识

（一）菌类蔬菜简介

菌类蔬菜是一类含营养素种类非常丰富的原料，含有大量的水分、蛋白质、脂肪、碳水化合物、维生素、矿物质。菌类蔬菜是指实体硕大、可供食用的蕈菌（大型真菌），通称为蘑菇。中国已知的菌类蔬菜有350多种，其中多属担子菌亚门，常见的有香菇、草菇、蘑菇、木耳、银耳、猴头、竹荪、松口蘑（松茸）、口蘑、红菇和牛肝菌等。

（二）香菇的品质鉴定

香菇为侧耳科植物香蕈的子实体。香菇是我国的特产之一，在民间素有"山珍"之称。它味道鲜美，香气沁人，营养丰富，素有"植物皇后"的美誉。

挑选时香菇时以菇伞鲜嫩、色泽呈原木色、伞肉有弹性、伞背的皱纹有一层白膜的为宜。

（三）香菇的烹饪方法

香菇有各种烹饪方法，无论是煲汤还是烤制，或者炒，都很好吃。

三、成品标准

香菇初加工完成后，应去掉老根，清洗后表面光滑，如图 6-1 所示。

图 6-1　香菇成品标准

四、加工前准备

1．工作环境

室内常温，光线明亮，有上下水、水池、工作台和相对独立的工作环境。

2．原料准备

香菇 2 000 克，如图 6-2 所示。

图 6-2　香菇

3．工具

申购单、领料单、菜墩、片刀、刮皮刀、刮鳞器、镊子、刀架、挡刀棍、磨刀石、料筐、桶、盆、方盘、马斗、保鲜膜。

4. 设备

不锈钢四门冰柜、水台消毒池、肉类清洗池、蔬菜清洗池、海鲜养殖池、操作台。

五、加工过程

香菇的初加工如图 6-3 所示。

步骤一： 挑选香菇。

步骤二： 削去香菇蒂。

步骤三： 加入食盐和干淀粉搓洗。

步骤四： 用清水反复漂洗并将香菇浸泡、沥水。

图 6-3 香菇的初加工

六、评价标准

评价标准见表 6-1。

表 6-1 评价标准

原料名称	评价标准	总分	得分
香菇	初加工好的香菇应洁净、形态规整、无损伤	20	
	处理时间不超过 10 分钟	10	
	适合在砧板上加工成片、块、条、丁、粒等形状	50	
	操作过程符合水台卫生标准	20	
合计		100	

七、任务拓展

（一）茶树菇

1. 茶树菇简介

茶树菇（图 6-4），原为江西广昌境内高山密林地区茶树蔸部生长的一种野生蕈菌，经过优化改良后，盖嫩柄脆，味纯清香，口感极佳。

挑选时以菌肉白色、肥厚，菌褶与菌柄成直生或不明显隔生，初褐色，后浅褐色；菌柄中实，淡黄褐色；菌环白色，膜质的茶树菇为宜。

图 6-4　茶树菇

2. 茶树菇的初加工

茶树菇的初加工如图 6-5 所示。

步骤一：
左手拿原料，
右手持刀。

步骤二：
去除茶树菇的根。

图 6-5　茶树菇的初加工

步骤三：用淡盐水浸泡15分钟。

步骤四：清洗茶树菇。

图 6-5　茶树菇的初加工（续）

3．成品标准

茶树菇成品标准如图 6-6 所示。

图 6-6　茶树菇成品标准

（二）白灵菇

1．白灵菇简介

白灵菇（图 6-7）肉质细嫩，味美可口，具有较高的食用价值，被誉为"草原上的牛肝菌"和侧耳，颇受消费者的青睐。白灵菇营养丰富，据科学测定，其蛋白质含量占干菇的 20%，而且还含有 17 种氨基酸、多种维生素和无机盐。挑选白灵菇时应以色泽洁白、肉质细腻、肥厚、有弹性者为宜。

图 6-7　白灵菇

2. 白灵菇的初加工

白灵菇的初加工如图 6-8 所示。

步骤一：
去除白灵菇根部。

步骤二：
清洗白灵菇表面。

图 6-8　白灵菇的初加工

3. 成品标准

白灵菇成品标准如图 6-9 所示。

图 6-9　白灵菇成品标准

（三）杏鲍菇

1. 杏鲍菇简介

根据子实体形态特征，国内外的杏鲍菇（图 6-10）菌株大致可分为五种类型：保龄球形、棍棒形、鼓槌状形、短柄形和菇盖灰黑色形。其中，保龄球形和棍棒形在国内栽培得较为广泛。杏鲍菇菌肉肥厚，质地脆嫩，特别是菌柄组织致密、结实、乳白，可全部食用，而且菌柄比菌盖更脆滑、爽口，被称为"平菇王""干贝菇"，具有明显的杏仁香味和如鲍鱼一般的口感，深受人们的喜爱。挑选杏鲍菇时以菌肉为白色，具有杏仁味，菌褶延生、密集、略宽、乳白色，边缘及两侧平，有小菌褶者为宜。

图 6-10 杏鲍菇

2. 杏鲍菇的初加工

杏鲍菇的初加工如图 6-11 所示。

步骤一：
去除杏鲍菇根部。

步骤二：
清洗杏鲍菇表面。

图 6-11 杏鲍菇的初加工

3. 成品标准

杏鲍菇成品标准如图 6-12 所示。

图 6-12 杏鲍菇成品标准

单元二 畜肉类原料的初加工

单元导读

一、单元内容

水台的工作任务分别是猪肉的初加工、牛肉的初加工、羊肉的初加工，是从畜肉类原料中选取的典型初加工原料。通过加工以上原料，学生可以了解畜肉类初加工的操作步骤。要求学生能运用剔、斩、剁等技法对原料进行初加工，为砧板厨房提供符合标准的原料。

二、单元要求

本单元要求要在与企业厨房生产环境一致的实训环境中完成。学生通过实际训练，能够初步体验适应水台工作环境；能够按照水台岗位工艺流程基本完成开档和收档工作。能够按照岗位工艺流程，运用水台原料初加工技法完成畜肉类原料的初加工。为砧板厨房提供合格的细加工原料，并在工作中培养合作意识、安全意识和卫生意识。

任务一 半扇猪的初加工

一、任务描述

[内容描述]

在水台岗位环境中,运用剔、斩、剁等技法完成半扇猪的初加工。

[学习目标]

（1）了解半扇猪的初加工操作要求。
（2）能够对半扇猪的品质进行鉴别。
（3）能够运用剔、斩、剁等技法对半扇猪原料进行初加工。
（4）能够对半扇猪及其剩余原料进行保管。
（5）培养学生养成良好的操作习惯。

二、相关知识

（一）初加工技法分档取料"剔"简介

剔是指：熟悉肌肉组织结构及分布，把握整料的肌肉部位，用技法剔、斩、剁的操作方法从膈膜处下刀，就能把部位肌肉之间界限分清，顺膜取部位，不损伤原料；同时，保证所取部位原料完整而且质量上乘。

（二）猪的品质鉴定

猪是我国肉杂食类哺乳动物中最主要的一种，它身体肥壮，四肢短小，鼻子口吻较长，体肥肢短，性温驯，适应力强，繁殖快，有黑、白、酱红或黑白花等颜色。

挑选整猪时一般选用 8～10 月龄的猪，毛孔细，表皮光滑无皱纹，骨头发白，肌肉色泽鲜红，脂肪均匀，无异味，肉质细嫩的质量为最佳。

（三）猪肉的烹饪方法

猪肉是使用最广泛、最充分的烹饪原料之一，是餐桌上重要的动物性原料。猪肉经过烹调加工后味道特别鲜美，既可作为菜肴主料，又可作为菜肴辅料，而且还是面点中制馅的重要原料之一，最宜烧、熏、爆、焖，也适宜卤、烟熏、酱腊等。

三、成品标准

半扇猪初加工完成后，应分档清晰，如排骨切割干净利落，腔骨不带多余肉，里脊切割均匀切面整齐，前后臀尖切割圆润无伤痕，五花肉层次分明不带多余肉，前后肘子切割整齐不带多余肉，如图 7-1 所示。

图 7-1　半扇猪成品标准

四、加工前准备

1．工作环境

室内常温，光线明亮，有上下水、水池、工作台和相对独立的工作环境。

2．原料准备

半扇猪如图 7-2 所示。

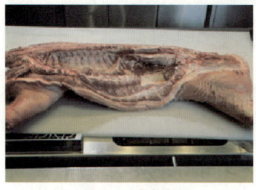

图 7-2　半扇猪

3．工具

申购单、领料单、菜墩、片刀、刮皮刀、刮鳞器、镊子、刀架、挡刀棍、磨刀石、料筐、桶、盆、方盘、马斗、保鲜膜。

4．设备

不锈钢四门冰柜、水台消毒池、肉类清洗池、蔬菜清洗池、海鲜养殖池、操作台。

五、加工过程

半扇猪的初加工如图7-3所示。

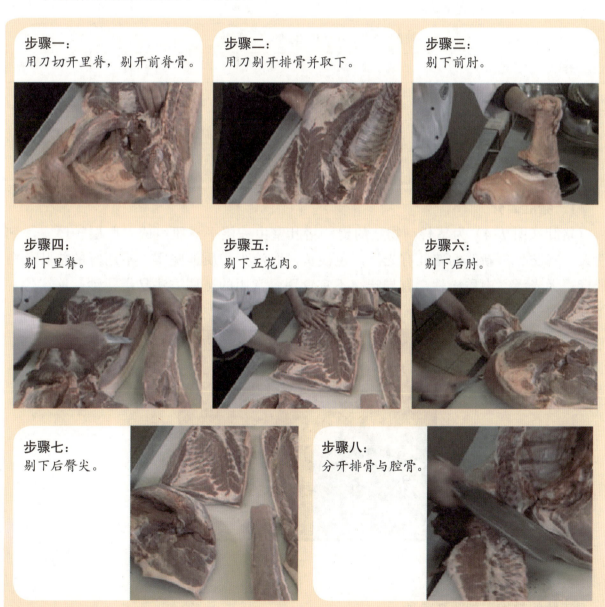

步骤一：用刀切开里脊，剔开前脊骨。

步骤二：用刀剔开排骨并取下。

步骤三：剔下前肘。

步骤四：剔下里脊。

步骤五：剔下五花肉。

步骤六：剔下后肘。

步骤七：剔下后臀尖。

步骤八：分开排骨与腔骨。

图7-3 半扇猪的初加工

六、评价标准

评价标准见表 7-1。

表 7-1 评价标准

原料名称	评价标准	总分	得分
半扇猪	初加工好的半扇猪应表面洁净、形态规整、无多余刀痕，无损伤	20	
	处理时间不超过 30 分钟	10	
	适合在砧板上加工成片、块、条、丁、粒、等形状	50	
	操作过程符合水台卫生标准	20	
合计		100	

七、拓展任务

（一）猪肚

1. 猪肚简介

猪肚（图 7-4）为猪科动物猪的胃。猪肚壁由三层平滑肌组成，肌层较厚实，韧性大，脂肪少。新鲜的猪肚有光泽，色浅黄，黏液少，质地坚实。不新鲜的猪肚色白带青，无光泽，肉质松软，有异味，不宜食用。常用的烹调方法是爆、炒、酱、烩、拌等。

图 7-4 猪肚

2. 猪肚的初加工

猪肚的初加工如图 7-5 所示。

步骤一：加入生粉、食盐、白醋。

步骤二：用双手反复搓洗猪肚。

步骤三：用清水洗去黏液并将猪肚翻转。

步骤四：去除猪肚内的油脂。

图 7-5　猪肚的初加工

3. 成品标准

猪肚成品标准如图 7-6 所示。

图 7-6　猪肚成品标准

（二）猪肠

1. 猪肠简介

猪肠（图 7-7）由平滑肌组成，肌层较厚实，韧性大而脂肪多，腥臭味重。新鲜的猪肠呈乳白色，略有硬度，有黏液且湿润，无脓包和伤斑，无变质和异味。如果猪肠呈绿色，硬度降低，黏度较大，有腐败味则表明已经腐败，不可食用。其常用的烹调方法是爆、炒、溜、烧等。

图 7-7 猪肠

2．猪肠的初加工

猪肠的初加工如图 7-8 所示。

步骤一：
把猪肠翻转，用水冲一下。

步骤二：
用手撕去猪肠中的余油。

步骤三：
加入食盐、淀粉、白醋揉搓。

步骤四：
用清水冲洗干净，使其脱去油脂和黏液。

步骤五：
再把猪肠翻转回原样加入盐。

步骤六：
加入白醋，反复揉搓后再用清水反复搓洗。

图 7-8 猪肠的初加工

3．成品标准

猪肠成品标准如图 7-9 所示。

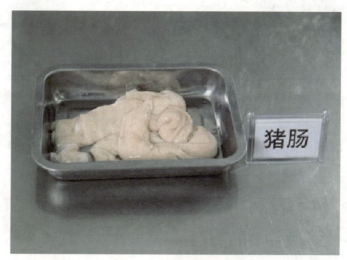

图 7-9　猪肠成品标准

（三）猪心

1．猪心简介

猪心（图 7-10）有一定韧性。新鲜的猪心，挤压时有鲜红的血块排出，富有弹性。如已变色或松软无弹性并有异味，则表示已变质，不能食用。猪心在烹调时多作主料，可炒、炖、卤、煮等。

图 7-10　猪心

2．猪心的初加工

猪心的初加工如图 7-11 所示。

步骤一：
剖开猪心。

步骤二：
去除猪心内部的污血。

步骤三：
切掉心管头。

步骤四：
将猪心清洗干净。

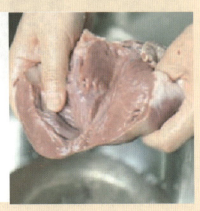

图 7-11　猪心的初加工

3．成品标准

猪心成品标准如图 7-12 所示。

图 7-12　猪心成品标准

任务二 牛肉的初加工

一、任务描述

[内容描述]

在水台岗位环境中，运用剔、斩、剁等技法完成牛肉的初加工。

[学习目标]

（1）了解牛肉的初加工操作要求。
（2）能够对牛肉的品质进行鉴别。
（3）能够运用剔、斩、剁等技法对牛肉进行初加工。
（4）能够对牛肉及其剩余原料进行保管。
（5）培养学生养成良好的操作习惯。

二、相关知识

（一）牛肉的初加工技法简介

通常，都要把肉的纤维切断，就是说横切牛肉，斜切猪肉，顺切鸡肉。牛、猪、鸡虽然都是肉类，但它们的纤维组织和老嫩程度不同，加工方法不同。牛肉质老（即纤维组织）、筋多（即结缔组织），只有逆着纤维纹路切，即顶着肌肉的纹路切（又称顶刀切），才能把筋切断，以便于烹调。如果顺着纤维纹路切，筋腱会被保留下来，烧熟后嚼不烂。

（二）牛肉的品质鉴定

牛肉中蛋白质含量高而脂肪含量低，所以味道鲜美，受人喜爱。挑选时，先看肉皮上有无红点，没有红点的是新鲜的肉，有红点的不是新鲜肉。看肌肉，新鲜肉有光泽，红色分布均匀；次品肉则肉色稍暗。看脂肪，新鲜肉的脂肪洁白或淡黄色，软次品肉的脂肪缺乏光泽，变质肉的脂肪呈绿色。二闻，新鲜肉具有正常的气味；次品肉有一股氨味或酸味。三摸，一要摸弹性，新鲜肉有弹性，指压后凹陷立即恢复；次品肉弹性差，指压后的凹陷恢复很慢甚至不能恢复，变质肉无弹性；二要摸黏度，新鲜肉表面微干或微湿润，不粘手，次新鲜肉外表干燥或粘手，新切面湿润粘手，变质肉严重粘手，外表极干燥，但有些注水严重的肉也完全不粘手，但可见到外表呈水湿样，不结实。

（三）牛肉的烹饪方法

牛肉内含有可溶于水的芳香物质，其溶解在汤中越多，肉汤味道越浓，而肉块的香味则会变淡。因此，肉块要切得适当大一些，以减少肉中芳香物质的溶解。另外，不要一直用旺火煮，因为当肉块遇到高温时，肌纤维会变硬，肉块就不易煮烂。在煮肉的过程中，最好一次加够水，水量以微微漫过牛肉为宜。

三、成品标准

牛肉的初加工完成后，应表面无筋膜，无多余刀痕，切割面整齐，如图 8-1 所示。

图 8-1　牛肉成品标准

四、加工前准备

1. 工作环境

室内常温，光线明亮，有上下水、水池、工作台和相对独立的工作环境。

2. 原料准备

牛里脊 5 000 克，如图 8-2 所示。

图 8-2　牛里脊

3．工具

申购单、领料单、菜墩、片刀、刮皮刀、刮鳞器、镊子、刀架、挡刀棍、磨刀石、料筐、桶、盆、方盘、马斗、保鲜膜。

4．设备

不锈钢四门冰柜、水台消毒池、肉类清洗池、蔬菜清洗池、海鲜养殖池、操作台。

五、加工过程

牛肉的初加工如图 8-3 所示。

步骤一：
剔除牛里脊表面的筋膜。

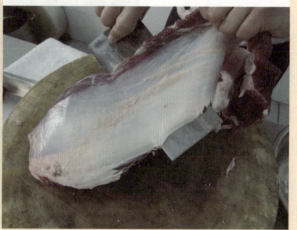

步骤二：
将板筋剔除。

图 8-3　牛肉的初加工

六、评价标准

评价标准见表8-1。

表8-1 评价标准

原料名称	评价标准	总分	得分
牛肉	初加工好的牛肉应表面洁净、形态规整、无多余刀痕无损伤	20	
	处理时间不超过20分钟	10	
	适合在砧板上加工成片、块、条、丁、等形状	50	
	操作过程符合水台卫生标准	20	
合计		100	

七、拓展任务

(一)牛肚

1．牛肚简介

牛肚(图8-4)是牛胃的一部分。牛为反刍动物,共有四个胃,前三个胃由牛的食道变异而成,即瘤胃(又称毛肚)、网胃(又称蜂巢胃、麻肚)、瓣胃(又称重瓣胃、百叶胃),最后一个胃为真胃,又称皱胃。瘤胃内壁肉柱,行业俗称"肚领、肚梁、肚仁"贲门括约肌,肉厚而韧,俗称"肚尖""肚头"(用碱水浸泡使之脆嫩,可单独成菜)。

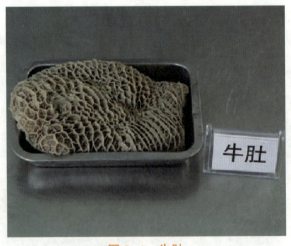

图8-4 牛肚

2．牛肚的初加工

牛肚的初加工如图8-5所示。

步骤一：
先用清水洗去表面的黏液，再翻转牛肚。

步骤二：
刮去附在牛肚上的油。

步骤三：
在牛肚上撒少许食盐。

步骤四：
在牛肚上淋少量白醋，并反复搓擦若干遍。

步骤五：
将牛肚捞出并换水，反复将其清洗干净。

图 8-5　牛肚的初加工

3．成品标准

牛肚成品标准如图 8-6 所示。

图 8-6　牛肚成品标准

（二）牛百叶

1．牛百叶简介

牛百叶（图 8-7）即牛胃中的第三个间隔瓣胃。其作用是吸收水分及发酵产生的酸。牛百叶可以作为食材使用，一般用在火锅中。

图 8-7　牛百叶

2. 牛百叶的初加工

牛百叶的初加工如图 8-8 所示。

步骤一：
用清水洗去黏液，翻转牛百叶。

步骤二：
加入食盐和白醋。

步骤三：
反复用清水冲洗。

步骤四：
去除牛百叶上的油。

步骤五：
将牛百叶切开。

图 8-8　牛百叶的初加工

3. 成品标准

牛百叶成品标准如图 8-9 所示。

图 8-9　牛百叶成品标准

任务三 半扇羊的初加工

一、任务描述

[内容描述]

在水台岗位环境中，运用剔、斩、剁等技法完成羊肉的初加工。

[学习目标]

（1）了解半扇羊的初加工操作要求。
（2）能够对半扇羊的品质进行鉴别。
（3）能够运用剔、斩、剁等技法对半扇羊进行初加工。
（4）能够对半扇羊及其剩余原料进行保管。
（5）培养学生养成良好的操作习惯。

二、相关知识

（一）半扇羊的初加工技法知识简介

分割羊去腥的技法有以下几种。浸泡除膻法：将羊肉用冷水浸泡1天，其间换水2次，使羊肉肌浆蛋白中的氨类物质浸出，也可减少羊肉膻味。橘皮去膻法：炖羊肉时，在锅里放入几个干橘皮，煮沸一段时间后捞出弃之，再放入几个干橘皮继续烹煮，也可去除羊肉膻味。核桃去膻法：选几个核桃，将其打破，取出核桃仁放入锅中与羊肉同煮，可去除膻味。山楂去膻法：将山楂和羊肉同煮，去除膻味的效果甚佳。食用前，将羊肉切片、切块后，用冷却的红茶浸泡1小时。先用清水将羊肉清洗干净，漂去血水，再加入5枚红枣后将羊肉放入锅中烹煮。

（二）羊肉的品质鉴定

羊肉最适合在冬季食用，故被称为冬令补品，深得人们的喜爱。

羊肉的品质鉴定：一要闻肉的味道。正常羊肉有一股很浓的羊膻味，而有添加剂的羊肉的羊膻味很淡且带有腥臭味。二要看肉的颜色。一般无添加剂的羊肉色呈爽朗的鲜红色，有问题的羊肉呈深红色。三要看肉壁厚薄。好的羊肉肉壁厚度一般为4～5厘米，含添加剂的羊肉肉壁一般只有2厘米左右。

（三）羊肉的烹饪方法

1．炖羊肉营养流失最小

炖羊肉由于在煮的过程中保持了原汤原汁，能最大限度地保证营养不丢失。因此，到了冬季，不妨常为家人送上一砂锅萝卜炖羊排。

2．涮羊肉加热时间短，营养流失不多

涮羊肉是大家最熟悉的一种吃羊肉的方法了。加工羊肉的刀工技艺是关键，需要先把羊肉用冰块压去血水，再用专用大刀将其切成薄片，这样才能保证肉质鲜嫩，不膻不腻。

3．爆炒羊肉营养流失较多

爆炒通常以葱爆羊肉为代表。爆是指将羊肉放入锅中旺火急炒的一种烹调术。此菜由昔日的"铛炮羊肉"演变而来，制作时应选用鲜嫩的羊后腿肉，切成薄片，再配上新鲜葱白，用旺火炒制而成。该吃法益气补虚、温中暖下，还兼有发汗解毒之功效。

4．烤、炸羊肉油分大，营养流失最多

烤时应选用鲜嫩的后腿和上脑部位，剔除筋膜，压去水分，切成薄片。如果切得厚薄不匀，或筋膜剔得不干净，吃时会有腥膻味。将嫩羊肉片用卤虾油、酱油、大葱末、香菜段、姜汁、白糖、辣椒油等十几种调料浸泡好，再用火烤制。烤羊肉不仅味美爽口，营养丰富，而且能增进食欲。

炸羊肉的代表菜有松肉、烧羊肉等。松肉是用油皮包裹肉糜制成条状炸制而成，色泽金黄，质地酥软，咸鲜干香。

三、成品标准

半扇羊的初加工完成后，应分档清晰，羊排切割干净利落，羊蝎子不带多余肉，羊前后腿切割面整齐，羊腩光洁，里脊切割均匀切面整齐，如图9-1所示。

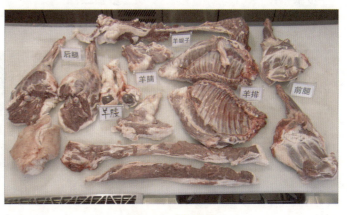

图9-1　半扇羊

四、加工前准备

1．工作环境

室内常温，光线明亮，有上下水、水池、工作台和相对独立的工作环境。

2．原料准备

半扇羊如图9-2所示。

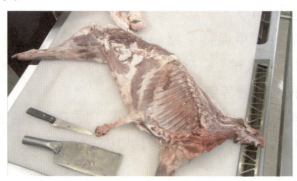

图9-2　半扇羊

3．工具

申购单、领料单、菜墩、片刀、刮皮刀、刮鳞器、镊子、刀架、挡刀棍、磨刀石、料筐、桶、盆、方盘、马斗、保鲜膜。

4．设备

不锈钢四门冰柜、水台消毒池、肉类清洗池、蔬菜清洗池、海鲜养殖池、操作台。

五、加工过程

羊肉的初加工如图9-3所示。

步骤一：
剔掉羊尾油。

步骤二：
从羊后腿处顺脊骨剔出羊蝎子。

步骤三：
剔下羊前腿。
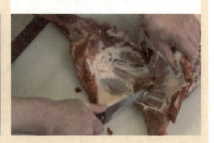

图9-3　羊肉的初加工

步骤四：
剔下羊后腿和羊里脊。

步骤五：
剔出羊腩。

步骤六：
剔出羊排。

图 9-3　羊肉的初加工（续）

六、评价标准

评价标准见表 9-1。

表 9-1　评价标准

原料名称	评价标准	总分	得分
羊肉	初加工好的羊肉应表面洁净、形态规整、无多余刀痕，无损伤	20	
	处理时间不超过 20 分钟	10	
	适合砧板加工成片、块、条、丁、等形状	50	
	操作过程符合水台卫生标准	20	
合计		100	

七、拓展任务

（一）羊蹄

1．羊蹄简介

羊蹄（图 9-4）即羊的四足，又名羊脚。羊蹄中含有丰富的胶原蛋白，脂肪含量较低，并且不含胆固醇，能增强人体细胞生理代谢，使皮肤更富有弹性和韧性。另外，羊蹄还具有强筋壮骨之功效，适合腰膝酸软、身体瘦弱者食用。羊蹄是胶质组织，与海参、鱼翅相比，价廉味美，是烹制佳肴的重要原料。

图 9-4　羊蹄

2. 羊蹄的初加工

羊蹄的初加工如图 9-5 所示。

步骤一：先用火燎去羊蹄表面茸毛。

步骤二：用刀刮净羊蹄中两爪间的杂物。

步骤三：剔净羊蹄尖硬皮。

步骤四：反复用清水清洗。

图 9-5 羊蹄的初加工

3. 成品标准

羊蹄成品标准如图 9-6 所示。

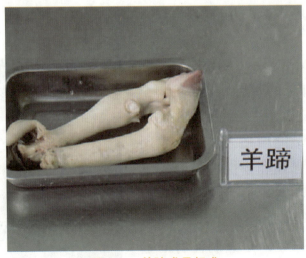

图 9-6 羊蹄成品标准

（二）羊肺

1．羊肺简介

羊肺（图 9-7）是羊的一种内脏，由于其营养丰富，且具有一定的食疗功能，故被人们烹饪成各种菜肴食用。

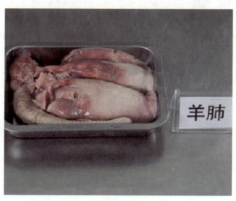

图 9-7　羊肺

2．羊肺的初加工

羊肺的初加工如图 9-8 所示。

步骤一：
将清水灌入羊肺内部，去除血污。

步骤二：
用手挤压羊肺。

步骤三：
反复用清水清洗几次。

步骤四：
初加工完成。

图 9-8　羊肺的初加工

3. 成品标准

羊肺成品标准如图 9-9 所示。

图 9-9　羊肺成品标准

单元三 禽肉类原料的初加工

单元导读

一、单元内容

水台的工作任务分别是整鸡的初加工、整鸭的初加工、鸽子的初加工，是从禽肉类原料中选取的典型初加工原料。通过加工以上原料，学生可以了解禽肉类初加工的操作步骤。要求学生巩固练习之前学习的剔、斩、剁等技法对原料进行初加工，为砧板厨房提供符合标准的原料。

二、单元要求

本单元要求要在与企业厨房生产环境一致的实训环境中完成。学生通过实际训练能够初步体验适应水台工作环境；能够按照水台岗位工艺流程基本完成开档和收档工作；能够按照岗位工艺流程运用水台原料初加工技法完成禽肉类原料的初加工，为砧板厨房提供合格的细加工原料，并在工作中培养合作意识、安全意识和卫生意识。

任务一　整鸡的初加工

一、任务描述

[内容描述]

在水台岗位环境中，运用剔、斩、剁等技法完成整鸡的初加工。

[学习目标]

（1）了解整鸡的初加工操作要求。

（2）能够对整鸡的品质进行鉴别。

（3）能够运用剔、斩、剁等技法对整鸡进行初加工。

（4）能够对整鸡及其剩余原料进行保管。

（5）培养学生养成良好的操作习惯。

二、相关知识

（一）整鸡的初加工技法简介

分档取料就是把已经宰杀完的整只家畜、家禽，根据其肌肉、骨骼等组织的不同部位进行分类，并按照烹制菜肴的要求，有选择地取料。这个过程要求熟悉肌肉组织的结构与分布，把握整料的鸡肉部位，准确下刀。分档取料时，必须从外向里进行，否则会破坏肌肉组织，影响禽肉质量。要紧贴骨骼操作，分档取料时，刀刃要紧贴着骨骼徐徐而进，运刀应谨慎，做到骨不带肉，肉不带骨，骨肉分离。

（二）鸡的品质鉴定

鸡的肉质细嫩，滋味鲜美。挑选时，首先要注意观察鸡肉的外观、颜色以及质感。一般来说，新鲜的鸡肉块大小不会相差很大，颜色白里透红，有光泽，手感比较光滑。注意，如果所见到的鸡肉注过水，肉质会显得特别有弹性，仔细看会发现皮上有红色针点，针眼周围呈乌黑色。

（三）鸡肉的烹饪方法

鸡肉蛋白质含量高，脂肪含量低，是健康的"白肉"代表。可是，许多人都遇到过这样的麻烦，烹饪时，鸡肉变得又干又柴，而且还会粘锅。先用盐水把鸡肉泡上30分钟，这样就能保留高达80%的汤汁，烹饪时就不会粘在锅上了。

三、成品标准

整鸡的初加工后完成，应去除残余鸡毛，分档清晰，切割时下刀准确不带肉，不伤及其他部位，如图10-1所示。

图10-1　整鸡成品标准

四、加工前准备

1．工作环境

室内常温，光线明亮，有上下水、水池、工作台和相对独立的工作环境。

2．原料准备

整鸡2 000克，如图10-2所示。

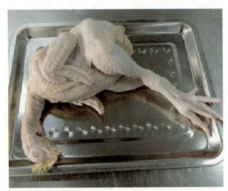

图10-2　整鸡

3．工具

申购单、领料单、菜墩、片刀、刮皮刀、刮鳞器、镊子、刀架、挡刀棍、磨刀石、料筐、桶、盆、方盘、马斗、保鲜膜。

4．设备

不锈钢四门冰柜、水台消毒池、肉类清洗池、蔬菜清洗池、海鲜养殖池、操作台。

五、加工过程

整鸡的初加工如图10-3所示。

步骤一：
去除鸡爪。

步骤二：
划破鸡的脊背。

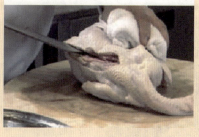

步骤三：
准备去除鸡腹腔中的内脏。

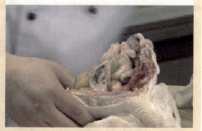

步骤四：
将鸡心取出。

步骤五：
将鸡肺取出。

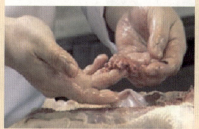

步骤六：
用清水洗净剩余部分。

步骤七：
在鸡大腿弯处将皮肉划开，切至大腿骨的接合处，将腿上的刀口向背部反折，使腿骨脱臼，然后割断脱臼处的筋，再用刀压住鸡身，左手用力扯下鸡大腿，腹背上的一层肉，也随大腿肉被扯下。用同样的方法扯下另一只鸡大腿。

步骤八：
鸡胸向上，划开左翅根部至骨的接合处，并切断筋，用刀压住鸡身扯下鸡翅，与之相连的鸡脯肉也同时被扯下。用同样的方法扯下另一边的鸡翅和鸡胸。

步骤九：
将两侧的鸡翅与鸡胸分离。

图10-3 整鸡的初加工

步骤十：将鸡里脊（鸡牙子）取出。

步骤十一：将鸡头和鸡颈切下。

步骤十二：将鸡胗与内脏分开。

步骤十三：将鸡胗剪开，去除鸡胗内部杂物并将其清洗干净。

步骤十四：用手撕去鸡胗内筋。

图 10-3　整鸡的初加工（续）

六、评价标准

评价标准见表 10-1。

表 10-1　评价标准

原料名称	评价标准	总分	得分
整鸡	初加工好的整鸡应表面洁净、形态规整、无多余刀痕无损伤	20	
	处理时间不超过 20 分钟	10	
	适合砧板加工成片、块、条、丁等形状。	50	
	操作过程符合水台卫生标准	20	
合计		100	

七、拓展任务

（一）整鹅

1．整鹅（图 10-4）简介

鹅是鸟纲雁形目鸭科动物的一种。家禽，成年鹅比鸭大，额部有肉瘤，颈长，嘴扁而阔，腿高尾短，脚趾间有蹼，羽毛白色或灰色。能游泳，吃谷物、蔬菜等，肉和蛋可以吃。家鹅是鹅类中的素食主义者，根本不吃荤食，而且长得比鸭子肥壮。

图 10-4　整鹅

2．整鹅的初加工

整鹅的初加工如图 10-5 所示。

步骤一：
切下鹅掌。

步骤二：
沿脊背划破脊背皮。

步骤三：
将鹅腿切下。

步骤四：
将另一侧鹅腿切下。

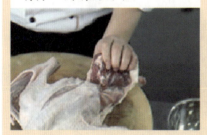

步骤五：
用刀将两侧鹅翅切下。

步骤六：
将鹅的背部划开。

步骤七：
将鹅胸取下。

步骤八：
去除鹅臀部。

步骤九：
切下鹅颈部。

图 10-5　整鹅的初加工

3. 成品标准

整鹅成品标准如图10-6所示。

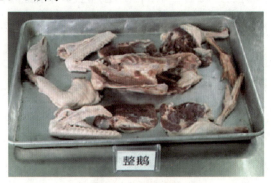

图10-6　整鹅成品标准

任务二 整鸭的初加工

一、任务描述

[内容描述]

在水台岗位环境中，运用剔、斩、剁等技法完成整鸭的初加工。

[学习目标]

（1）了解整鸭的初加工操作要求。
（2）能够对整鸭的品质进行鉴别。
（3）能够运用剔、斩、剁对整鸭进行初加工。
（4）能够对整鸭及其剩余原料进行保管。
（5）培养学生养成良好的操作习惯。

二、相关知识

（一）整鸭的初加工技法简介

见 69 页（一）整鸡的初加工技法简介，此处不再赘述

（二）整鸭的品质鉴定

新鲜整鸭眼球饱满，充满整个眼窝，角膜有光泽；皮肤有光泽，因品种不同而呈淡黄、淡白色；肌肉切面发光，外表微干或微湿润，手指压后凹陷立即恢复，具有鲜鸭肉的正常气味。变质的整鸭眼球凹陷，晶体浑浊，角膜暗淡；体表无光泽，头颈部通常为暗褐色；外表干燥或粘手；手指按压后肉凹陷不能恢复，会留下明显的压痕；体表和腹腔均有臭味。

（三）鸭肉的烹饪方法

鸭肉的烹饪方法有很多种，既可以清蒸，也可以红烧，还能制成酥香可口的脆皮鸭，因此很受大家喜爱。

三、成品标准

整鸭的初加工后完成，应除尽残余鸭毛，分档清晰，切割时关节处下刀准确不带肉，不伤鸭皮，如图11-1所示。

图11-1　整鸭成品标准

四、加工前准备

1．工作环境

室内常温，光线明亮，有上下水、水池、工作台和相对独立的工作环境。

2．原料准备

整鸭2 000克，如图11-2所示。

图11-2　整鸭

3．工具

申购单、领料单、菜墩、片刀、刮皮刀、刮鳞器、镊子、刀架、挡刀棍、磨刀石、料筐、桶、盆、方盘、马斗、保鲜膜。

4. 设备

不锈钢四门冰柜、水台消毒池、肉类清洗池、蔬菜清洗池、海鲜养殖池、操作台。

五、加工过程

整鸭的初加工如图 11-3 所示。

步骤一：
洗掉整鸭表皮上的细毛。

步骤二：
切下鸭掌。

步骤三：
将整鸭背部朝上，从脖颈处开 8 厘米长的口子。

步骤四：
准备去除整鸭的内脏。

步骤五：
取出鸭心、鸭肝、鸭胗。

步骤六：
用清水洗净整鸭的内膛。

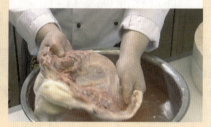

步骤七：
将两侧鸭腿取下。

步骤八：
将两侧鸭胸取下。

步骤九：
整理切下的鸭胸。

图 11-3　整鸭的初加工

步骤十：
将鸭胗剖开，去除杂物。
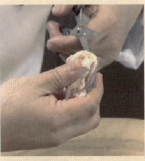

步骤十一：
清洗鸭胗。

步骤十二：
撕去鸭胗内筋。

步骤十三：
切去整鸭的臀部。

图 11-3　整鸭的初加工（续）

六、评价标准

评价标准见表 11-1。

表 11-1　评价标准

原料名称	评价标准	总分	得分
整鸭	初加工好的整鸭应表面洁净、形态规整、无损伤	20	
	处理时间不超过 20 分钟	10	
	适合在砧板上加工成片、块、条、丁等形状。	50	
	操作过程符合水台卫生标准	20	
合计		100	

七、拓展任务

（一）鹌鹑

1. 鹌鹑简介

鹌鹑（图 11-4）是雉科中体形较小的一种。雌鸟与雄鸟颜色相似。它们在中国大部分地区属于候鸟，但在有些地区是留鸟，如长江中下游地区。

图 11-4　鹌鹑

2. 鹌鹑的初加工

鹌鹑的初加工如图 11-5 所示。

步骤一：
清洗鹌鹑表面。

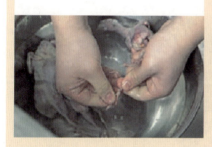

步骤二：
将鹌鹑腹部切开，去除内脏并清洗。

步骤三：
划开颈部，取出食管。

图 11-5　鹌鹑的初加工

3. 成品标准

鹌鹑成品标准如图 11-6 所示。

图 11-6　鹌鹑成品标准

任务三 鸽子的初加工

一、任务描述

[内容描述]

在水台岗位环境中,运用剔、斩等技法完成鸽子的初加工。

[学习目标]

(1) 了解鸽子的初加工操作要求。
(2) 能够对鸽子的品质进行鉴别。
(3) 能够运用剔、斩等技法对鸽子进行初加工。
(4) 能够对鸽子及其剩余原料进行保管。
(5) 培养学生养成良好的操作习惯。

二、相关知识

(一) 鸽子的初加工技法简介

鸽子的初加工方法比较特殊,需要注意以下几点:

(1) 用手仔细择除或将残毛烧掉,然后斩掉爪子和翅尖。
(2) 剔开颈皮,择除气管,用手抓住气管将其从颈皮撕下来。
(3) 内膛清洗时要掏洗干净。

(二) 鸽子的相关知识

鸽子属鸟纲,鸽形目,鸠鸽科,鸽属。其中最常见的是肉鸽,也叫乳鸽,是指4周龄内的幼鸽。其特点是体型大、营养丰富、药用价值高,是高级滋补食品。肉质细嫩味美。

（三）鸽子的品质鉴定

新鲜的鸽子肉呈粉红色，用手指按压表皮，肉因质地紧密富有弹性，按压的凹陷会立即复原；不新鲜的鸽子肉为暗红色，肉因为失去原有的弹性而出现不同程度的腐烂，按压后的凹陷不能恢复。

（四）鸽子的烹饪方法

鸽子肉的烹饪方法有很多种，较常见的如清炖、红烧、烤制，还可以做汤，味道十分鲜美可口，老少皆宜。另外，鸽子肉中还含有丰富的泛酸，对脱发、白发和未老先衰等有很好的疗效。乳鸽含有较多的支链氨基酸和精氨酸，可促进体内蛋白质的合成，加快创伤愈合。中医认为，鸽肉易于消化，具有滋补益气、祛风解毒的功能，对病后体弱、血虚闭经、头晕神疲、记忆力衰退有很好的补益治疗作用。

三、成品标准

鸽子的初加工完成后，应表面光洁，无残毛，去除翅尖爪子时下刀要准确，膛内无内脏残留物，如图 12-1 所示。

图 12-1　鸽子成品标准

四、加工前准备

1．工作环境

室内常温，光线明亮，有上下水、水池、工作台和相对独立的工作环境。

2．原料准备

鸽子 750 克，如图 12-2 所示。

图 12-2　鸽子

3．工具

申购单、领料单、菜墩、片刀、刮皮刀、刮鳞器、镊子、刀架、挡刀棍、磨刀石、料筐、桶、盆、方盘、马斗、保鲜膜。

4．设备

不锈钢四门冰柜、水台消毒池、肉类清洗池、蔬菜清洗池、海鲜养殖池、操作台。

五、加工过程

鸽子的初加工如图 12-3 所示。

步骤一：
去除鸽子的翅尖。

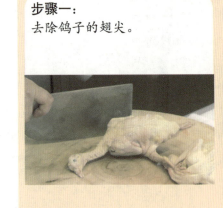

步骤二：
去除鸽子的爪子。

步骤三：
用清水洗净鸽子的表面和内膛。

图 12-3　鸽子的初加工

六、评价标准

评价标准见表12-1。

表12-1 评价标准

原料名称	评价标准	总分	得分
鸽子	初加工好的鸽子应表面洁净、形态规整、无损伤	20	
	处理时间不超过20分钟	10	
	适合在砧板上加工成片、块、丁等形状	50	
	操作过程符合水台卫生标准	20	
合计		100	

七、拓展任务

1．填鸭简介

填鸭（图12-4）是指通过人工强制填喂催肥的饲鸭方法喂养的鸭。小鸭出生一个半月后开始进行人工填肥，约半个月结束。具体方法是把做成长条形的饲料用手工填入鸭食道内（每日两次），或把粥状饲料用机器经橡皮管填入鸭食道内。填鸭期间注意限制鸭的活动，使它们可以很快长肥。北京鸭多用此法饲养。

图12-4 填鸭

2．填鸭的初加工

填鸭的初加工如图12-5所示。

步骤一：
将填鸭腹部打开并取出内脏。

步骤二：
别上鸭针。

步骤三：
给填鸭打气。
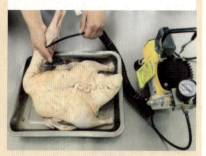

图12-5 填鸭的初加工

步骤四：
给填鸭烫皮。

步骤五：
给填鸭挂皮水。

图 12-5　填鸭的初加工（续）

3．成品标准

填鸭成品标准见图 12-6。

图 12-6　填鸭成品标准

单元四 水产类原料的初加工

单元导读

一、单元内容

水台的工作任务分别是草鱼的初加工、鳝鱼的初加工、鱿鱼的初加工、海螺的初加工、白虾的初加工、河蟹的初加工，是从水产类原料中选取的典型初加工原料。通过加工以上原料，学生可以了解水产类初加工的操作步骤。要求学生巩固练习之前学习的剔、斩、剁、撕、刮、拍、剥、挑、刷等技法对原料进行初加工，为砧板厨房提供符合标准的原料。

二、单元要求

本单元要求要在与企业厨房生产环境一致的实训环境中完成。学生通过实际训练能够初步体验适应水台工作环境；能够按照水台岗位工艺流程基本完成开档和收档工作；能够按照岗位工作流程运用水台原料初加工技法完成水产类原料的初加工；为砧板厨房提供合格的细加工原料，并在工作中培养合作意识、安全意识和卫生意识。

任务一　草鱼的初加工

一、任务描述

[内容描述]

在水台岗位环境中，运用剔、斩、剁等技法完成草鱼的初加工。

[学习目标]

（1）了解草鱼的初加工操作要求。
（2）能够对草鱼的品质进行鉴别。
（3）能够运用剔、斩、剁等技法对草鱼进行初加工。
（4）能够对草鱼及其剩余原料进行保管。
（5）培养学生养成良好的操作习惯。

二、相关知识

（一）草鱼的初加工技法

鱼类从外观构造可分为头、身部和尾部。现以净鱼介绍鱼类的分档。

（1）斩鱼头：从鱼头下巴的鳍外割断，鱼头可以制汤，也可红烧、清蒸。

（2）剔鱼身：先和头分离，再从肚脐处切开。鱼身部可以直接改刀烹制，也可从脊背部下刀将两侧部分与脊骨分离，然后剔除内腔中的刺骨与肚肉（这些统称下脚料，可作红烧、油炸之用）。

（3）尾部的斩剁：用剪刀修整尾鳍，可用作红烧。

（4）草鱼的初步加工过程：

宰杀→刮鳞→去内脏→去腮→洗涤→整理。

（5）草鱼的剔骨出肉过程：

斩头→分成两片→剁脊椎骨→剔胸刺骨→剔皮→整理。

(二)草鱼的相关知识

草鱼体略呈圆筒形,头部稍平扁,尾部侧扁,口呈弧形,无须,上颌略长于下颌。体呈浅茶黄色,背部青灰,腹部灰白,胸、腹鳍略带灰黄,其他各鳍浅灰色。其体较长,腹部无棱,头部平扁,尾部侧扁。下咽齿二行,侧扁,呈梳状,齿侧具横沟纹。背鳍和臀鳍均无硬刺,背鳍和腹鳍相对。栖息于平原地区的江河湖泊,一般喜居于水的中下层和近岸多水草区域。性活泼,游泳迅速,常成群觅食。为典型的草食性鱼类。草鱼幼鱼期则食幼虫、藻类等。草鱼也吃一些荤食,如蚯蚓,蜻蜓等。在河流或湖泊的深水处越冬。繁殖季节母鱼有溯游习性,已繁殖到亚、欧、美、非各洲的许多国家。因其生长迅速,饲料来源广,是中国淡水养殖的四大家鱼之一。

(三)草鱼的品质鉴定

草鱼属鲤形目鲤科,雅罗鱼亚科草鱼属。其品质检验应根据鱼鳞、鱼眼的状态,鱼肉的松紧程度,气味及鱼肉组织形态来判断。新鲜的鱼,鱼鳃色泽鲜红或粉红,鳃盖紧闭,液少呈透明状,没有臭味;不新鲜的鱼,鱼鳃呈灰色或苍灰色;腐败的鱼,鱼鳃呈灰白色,有污血。新鲜的鱼,眼澄清透明,并且很完整,向外稍凸出,周围没有因充血而发红的现象,不新鲜的鱼,眼多少有点塌陷,色泽灰暗。新鲜鱼的表皮上黏血少,体表清洁,鱼鳞紧密完整而有光泽;不新鲜甚至腐败的鱼,表皮血液量增多,鱼鳞色泽发暗,鳞片松动。新鲜鱼肉组织紧密而有弹性,用手指压一下,凹陷处立即平复,鱼的肛门周围呈一圆坑形,硬实发白,肚腹不膨胀;不新鲜的鱼肉质松软,肉与骨易脱离,指压时凹陷部位难以复原,鱼的肛门突出,肠内充满因细菌活动而产生的气体,而且有臭味。

(四)草鱼的烹饪方法

草鱼在人们餐桌上十分常见,可以清蒸,也可以红烧。另外,草鱼豆腐汤或烤草鱼也非常美味。

三、成品标准

草鱼的初加工后完成,应将鱼鳞去除干净,去尽内膛中的黑膜,分档时保证鱼肉完整,鱼骨不带多余肉,如图13-1所示。

图13-1 草鱼成品标准

四、加工前准备

1. 工作环境

室内常温,光线明亮,有上下水、水池、工作台和相对独立的工作环境。

2. 原料准备

草鱼 1 250 克，如图 13-2 所示。

图 13-2　草鱼

3. 工具

申购单、领料单、菜墩、片刀、刮皮刀、刮鳞器、镊子、刀架、挡刀棍、磨刀石、料筐、桶、盆、方盘、马斗、保鲜膜。

4. 设备

不锈钢四门冰柜、水台消毒池、肉类清洗池、蔬菜清洗池、海鲜养殖池、操作台。

五、加工过程

草鱼的初加工如图 13-3 所示。

步骤一：
在草鱼表面淋少许白醋。

步骤二：
剔除鱼鳞。

步骤三：
去掉鱼鳃。

步骤四：
将鱼腹部剖开，去除内脏。

步骤五：
清洗草鱼内膛。

步骤六：
将内膛处理干净。

图 13-3　草鱼的初加工

步骤七：切掉鱼头。

步骤八：切下草鱼的脊骨。

步骤九：剔除草鱼的腹刺。

图 13-3　草鱼的初加工（续）

六、评价标准

评价标准见表 13-1。

表 13-1　评价标准

原料名称	评价标准	总分	得分
草鱼	初加工好的鱼肉应表面洁净、形态规整、无损伤	20	
	处理时间不超过 20 分钟	10	
	适合在砧板上加工成片、块、丁等形状	50	
	操作过程符合水台卫生标准	20	
合计		100	

七、拓展任务

（一）胖头鱼

1. 胖头鱼简介

胖头鱼（图 13-4）是一种淡水鱼，有"水中清道夫"的雅称，中国四大家鱼之一。外形似鲢鱼，体侧扁。头部大而宽，头长约为体长的 1/3。口亦宽大，稍上翘。眼位低。胖头鱼生长在淡水湖泊、河流、水库、池塘里。其多分布在水的中上层，而且分布水域范围很广，在中国，从南方到北方几乎淡水流域都有。

图 13-4　胖头鱼

2. 胖头鱼的初加工

胖头鱼的初加工如图 13-5 所示。

步骤一：
将胖头鱼击晕。

步骤二：
将鱼鳞刮下。

步骤三：
去除划水。

步骤四：
去除鱼鳃。

步骤五：
剖开鱼腹。
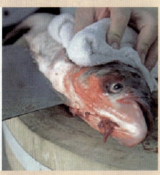

步骤六：
掏出内脏。
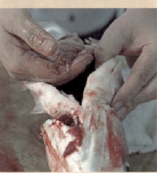

步骤七：
清洗初加工完毕的胖头鱼。

图 13-5　胖头鱼的初加工

3. 成品标准

胖头鱼成品标准如图 13-6 所示。

图 13-6　胖头鱼成品标准

（二）三文鱼

1．三文鱼简介

三文鱼（图13-7）属鲑科，在秋季繁殖季节，沿北美育空河洄游上溯。春季幼鱼孵出数星期后即入海。三文鱼是生长在加拿大、挪威、日本、中国黑龙江和美国阿拉斯加等高纬度地区的冷水鱼类。质量最好的三文鱼产自美国的阿拉斯加海域和英国的英格兰海域，是西餐中较常用的鱼类原料之一。

图13-7　三文鱼

2．三文鱼的初加工

三文鱼的初加工如图13-8所示。

步骤一：
将三文鱼的头切下。

步骤二：
去除三文鱼的脊骨。

步骤三：
去除三文鱼的腹骨。

步骤四：
将鱼刺拔出。

图13-8　三文鱼的初加工

3．成品标准

三文鱼成品标准如图13-9所示。

图13-9　三文鱼成品标准

任务二 鳝鱼的初加工

一、任务描述

[内容描述]

在水台岗位环境中,运用剔、斩、剁等技法完成鳝鱼的初加工。

[学习目标]

(1)了解鳝鱼的初加工操作要求。
(2)能够对鳝鱼的品质进行鉴别。
(3)能够运用剔、斩、剁等技法对鳝鱼进行初加工。
(4)能够对鳝鱼及其剩余原料进行保管。
(5)培养学生养成良好的操作习惯。

二、相关知识

(一)鳝鱼的初加工技法

1. 黏液去除法

主要是鳝鱼的黏液去除方法。

无鳞鱼的体表有发达的黏液腺,它分泌出的黏液有较重的泥腥味,而且很滑,不利于初加工和烹饪。

2. 揉搓去液法

加入食盐、醋反复揉搓,待黏液出泡沫后用水冲洗,再用干抹布擦干。

3. 熟烫法

将表皮带有黏液的鱼(如泥鳅、鳝鱼、鲶鱼、鳗鱼等)用 75～85 ℃的水浸烫冲洗 1 分钟,再用厨房用纸擦干。

(二)鳝鱼的相关知识

鳝鱼体细长呈蛇形,体前圆后部侧扁,尾尖细,头长而圆;口大,端位,上颌稍突出,唇颇发达。其体表无鳞。鳝鱼无胸鳍和腹鳍,背鳍和臀鳍退化仅留皮褶,无软刺,都与尾鳍相联合。生活时体呈大多是黄褐色、微黄或橙黄,有深灰色斑点,体长约20厘米,无鳞或鳞片很小,背、臀鳍很低且绕过尾端相连续,鳃通常仅于喉部有一外鳃孔。在东方,鳝鱼是有价值的食用鱼类,往往蓄养于池塘或稻田中。广泛分布在亚洲东南部,栖息在池塘、小河、稻田等处,常潜伏在泥洞或石缝中,夜出觅食。

(三)鳝鱼的品质鉴定

用活鳝鱼加工出的鳝丝肉质细腻,有弹性,手拉时呈自然锯齿状断裂;用死鳝鱼加工出的鳝丝肉质较粗糙,弹性差,僵硬,手拉时韧性大。

三、成品标准

鳝鱼的初加工后完成,应去骨整齐利落,表面光洁,形态规整,无多余刀痕无损伤,如图14-1所示。

图14-1 鳝鱼成品标准

四、加工前准备

1. 工作环境

室内常温,光线明亮,有上下水、水池、工作台和相对独立的工作环境。

2. 原料准备

鳝鱼1 250克,如图14-2所示。

图 14-2 鳝鱼

3．工具

申购单、领料单、菜墩、片刀、刮皮刀、刮鳞器、镊子、刀架、挡刀棍、磨刀石、料筐、桶、盆、方盘、马斗、保鲜膜。

4．设备

不锈钢四门冰柜、水台消毒池、肉类清洗池、蔬菜清洗池、海鲜养殖池、操作台。

五、加工过程

鳝鱼的初加工如图 14-3 所示。

步骤一：
将鳝鱼固定在砧板上。

步骤二：
剖开鳝鱼的腹部。

步骤三：
去除鳝鱼的内脏。

步骤四：
划开鳝鱼三角形脊骨的两侧。

步骤五：
去除鳝鱼的脊骨。

图 14-3 鳝鱼的初加工

六、评价标准

评价标准见表14-1。

表14-1 评价标准

原料名称	评价标准	总分	得分
鳝鱼	初加工好的鳝鱼应表面洁净、形态规整、无损伤	20	
	处理时间不超过20分钟	10	
	适合在砧板上加工成片、段等形状	50	
	操作过程符合水台卫生标准	20	
合计		100	

七、拓展任务

（一）鲶鱼

1. 鲶鱼简介

鲶鱼（图14-4），俗称塘虱，又名怀头鱼，分布在世界各地，多数种类生活在池塘或河川等的淡水中，但部分种类生活在海洋里。普遍鲶鱼没有鳞，有扁平的头和大口，而口的周围有数条长须。

图14-4 鲶鱼

2. 鲶鱼的初加工

鲶鱼的初加工如图14-5所示。

步骤一：
将鲶鱼拍晕。

步骤二：
去除鲶鱼的划水。

步骤三：
刮去鲶鱼表面的黏液。

图14-5 鲶鱼的初加工

步骤四：
剖开鱼腹。

步骤五：
去除鲶鱼的内脏。

步骤六：
去除鱼鳃。

步骤七：
清洗并整理初加工后的鲶鱼。

图 14-5　鲶鱼的初加工（续）

3．成品标准

鲶鱼成品标准如图 14-6 所示。

图 14-6　鲶鱼成品标准

（二）带鱼

1．带鱼简介

带鱼（图 14-7）属于脊索动物门下脊椎动物亚门中的硬骨鱼纲鲈形目带鱼科，体型侧扁如带，呈银灰色，背鳍及胸鳍浅灰色，带有很细小的斑点，尾部呈黑色，带鱼头尖口大，至尾部逐渐变细，全长 1 米左右。性凶猛，主要以毛虾、乌贼为食。

图 14-7　带鱼

2. 带鱼的初加工

带鱼的初加工如图 14-8 所示。

步骤一：去除尾部。

步骤二：去除背鳍。

步骤三：去除内脏。

步骤四：刮去表面白膜。

步骤五：去除鱼鳃。

步骤六：将剩余部分清洗干净。

图 14-8　带鱼的初加工

3. 成品标准

带鱼成品标准如图 14-9 所示。

图 14-9　带鱼成品标准

任务三 鱿鱼的初加工

一、任务描述

[内容描述]

在水台岗位环境中,运用剔、撕、刮等技法完成鱿鱼原料的初加工。

[学习目标]

(1)了解鱿鱼的初加工操作要求。
(2)能够对鱿鱼的品质进行鉴别。
(3)能够运用剔、撕、刮等技法对鱿鱼进行初加工。
(4)能够对鱿鱼及其剩余原料进行保管。
(5)培养学生养成良好的操作习惯。

二、相关知识

(一)鱿鱼的初加工技法

1. 剔

左手握紧鱼背,鱼头向前,鱼腹腔突起。右手持刀(刀刃向上),刀尖自突起的腹腔内伸入至离鱼尾末端1~2厘米处,刀向上端挑一下,胴体自腹部中线被剖开,两边肉片对称美观(剔开时,刀尖部应紧靠胴体腹面,防止尖刀刺破墨囊,影响制品外观)。再倒转刀尖,对准颈部喷水漏斗中心向头部中央挑开(深度为头部的2/3),顺便用刀尖将眼球刺破,排出眼液,以利于干燥。

2. 撕去内脏

把剔好的鱿鱼平放在案板上,摊开腹部两边的肉片,先去除墨囊,再用手沿尾端向头部方向去除全部内脏,最后去除软骨。

3．刮

刮除鱿鱼的表面黑皮。注意刮除时动作要轻，不要损伤鱿鱼的肉质。

4．洗涤

将去脏的鱿鱼置于水中洗涤，清除黏液和其他污物。然后将两片腹肉对合叠起，置于筐中沥水待晒。

（二）鱿鱼的相关知识

鱿鱼，也称柔鱼、枪乌贼，是一种软体动物，常活动于浅海中上层。体圆锥形，体色苍白，有淡褐色斑，头大，前方生有触爪10条，尾端的肉鳍呈三角形，常成群游弋于深约20米的海水中。

（三）鱿鱼的品质鉴定

1．看色泽

新鲜的鱿鱼表面有层粉红色的亮光，而经防腐剂处理过的和放置时间太久的鱿鱼没有这样的亮光。

2．闻味道

闻一下鱿鱼的味道，如果变质，就会散发臭味。因为鱿鱼本身就很容易变质的食物，所以天热的时候要把它放在冰箱里冷藏或冷冻。

3．看形状

观察鱿鱼的身体，越完整则说明其越新鲜。若身体不完整，有残缺等，则说明鱿鱼已经死很久了。

4．手撕

用手撕拽鱿鱼的头和身体的连接部位，如果可以轻松分离，说明鱿鱼已经变质了，因为新鲜鱿鱼的头部和身体应连接较紧。

（四）鱿鱼的烹饪方法

鱿鱼其营养价值毫不逊色于牛肉和金枪鱼。每百克干鱿鱼含有蛋白质66.7克、脂肪7.4克，并含有大量的碳水化合物和钙、磷、磺等无机盐。热量也远远低于肉类食品，对怕胖的人来说，吃鱿鱼是一种很好的选择。

鱿鱼味道鲜美，营养丰富，很多人都喜欢吃，有很多种烹饪方法，比如三四鱿鱼卷，烤鱿鱼以及茄汁桂花鱿鱼圈等。

三、成品标准

鱿鱼的初加工完成后，应将表面黑皮去除干净，清洗后表面光洁，鱿鱼头、鱿鱼身分档清晰，形态规整无破损，如图 15-1 所示。

图 15-1　鱿鱼成品标准

四、加工前准备

1．工作环境

室内常温，光线明亮，有上下水、水池、工作台和相对独立的工作环境。

2．原料准备

鱿鱼 1 000 克，如图 15-2 所示。

图 15-2　鱿鱼

3．工具

申购单、领料单、菜墩、片刀、刮皮刀、刮鳞器、镊子、刀架、挡刀棍、磨刀石、料筐、桶、盆、方盘、马斗、保鲜膜。

4．设备

不锈钢四门冰柜、水台消毒池、肉类清洗池、蔬菜清洗池、海鲜养殖池、操作台。

五、加工过程

鱿鱼的初加工如图 15-3 所示。

步骤一： 取下鱿鱼头。

步骤二： 从上部剖开鱿鱼。

步骤三： 先轻轻取出内脏，再用清水漂洗鱿鱼。

步骤四： 先将鱿鱼的软骨取出，再将鱿鱼内部表面擦干净。

步骤五： 将鱿鱼翻过来，将表面的黑皮去掉，再用清水漂洗。

步骤六： 划开鱿鱼头部，取出眼睛和牙齿。

步骤七： 把鱿鱼须表面的黑膜刷掉。

步骤八： 用清水漂洗鱿鱼头部。

步骤九： 切下鱿鱼尾部。

步骤十： 把初加工完毕的鱿鱼摆入盘中。

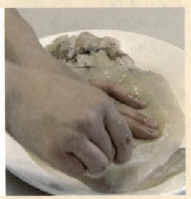

图 15-3　鱿鱼的初加工

六、评价标准

评价标准见表15-1。

表15-1 评价标准

原料名称	评价标准	总分	得分
鱿鱼	初加工好的鱿鱼应洁净、形态规整、无损伤	20	
	处理时间不超过20分钟	10	
	适合在砧板上加工成片、卷、丝等形状	50	
	操作过程符合水台卫生标准	20	
合计		100	

七、拓展任务

（一）墨鱼

1．墨鱼简介

墨鱼（图15-4）也叫乌贼，是海洋生物。对人类而言，海洋中蕴藏着无数奥秘，海洋中还生活着大量形形色色人们知之不多的"怪物"。由于乌贼生活在太平洋幽深的海底，人们对它的了解并不多。

图15-4 墨鱼

2．墨鱼的初加工

墨鱼的初加工如图15-5所示。

步骤一：
从腹部将墨鱼切开。

步骤二：
取下墨鱼头，去掉内脏。

步骤三：
去掉墨鱼的软骨。

图15-5 墨鱼的初加工

步骤四：
将墨鱼放在砧板上，去除其表面的黑皮。

步骤五：
将墨鱼头切开，去除眼睛和牙齿。

步骤六：
用清水清洗剩余部分。

图15-5 墨鱼的初加工（续）

3．成品标准

墨鱼成品标准如图15-6所示。

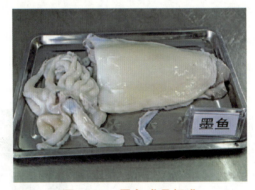

图15-6 墨鱼成品标准

任务四　海螺的初加工

一、任务描述

[内容描述]

在水台岗位环境中，运用拍、剔等技法完成海螺的初加工。

[学习目标]

（1）了解海螺的初加工操作要求。
（2）能够对海螺的品质进行鉴别。
（3）能够运用拍、剔等技法对海螺进行初加工。
（4）能够对海螺及其剩余原料进行保管。
（5）培养学生养成良好的操作习惯。

二、知识技能准备

（一）海螺的相关知识

海螺是一种软体动物，它的贝壳边缘轮廓略呈四方形，大而坚厚，壳高达10厘米左右，壳口内为杏红色，有珍珠光泽。因品种差异，海螺肉可呈白色或黄色。海螺壳大而坚厚，呈灰黄色或褐色，壳面粗糙，具有排列整齐而平的螺肋和细沟，壳口宽大，壳内面光滑呈红色或灰黄色。

（二）海螺的品质鉴定

挑选时若散发异味，表明海螺处理不当，肉质已腐败；若足脱离，表明海螺在加工前已死亡；若有内脏存留，表明处理不当。在冰水中浸泡过久或使用多磷酸钠，会造成含水量过高，肉质变软，以及细菌计数过高，产品质量下降。

（三）海螺肉的烹饪方法

海螺肉里面含有大量的维生素 A 和蛋白质以及铁等营养物质，适合大多数人群食用。海螺的食用方法多种多样，如酱爆海螺、姜汁海螺、白灼海螺等。

三、成品标准

海螺的初加工完成后，应去除表面黑皮，内脏去除干净，清洗后表面光洁无破损，如图 16-1 所示。

图 16-1　海螺成品标准

四、加工前准备

1．工作环境

室内常温，光线明亮，有上下水、水池、工作台和相对独立的工作环境。

2．原料准备

海螺 1 500 克，如图 16-2 所示。

图 16-2　海螺

3．工具

申购单、领料单、菜墩、片刀、刮皮刀、刮鳞器、镊子、刀架、挡刀棍、磨刀石、料筐、桶、盆、方盘、马斗、保鲜膜。

4. 设备

不锈钢四门冰柜、水台消毒池、肉类清洗池、蔬菜清洗池、海鲜养殖池、操作台。

五、加工过程

海螺的初加工如图 16-3 所示。

步骤一：
将海螺壳拍碎。

步骤二：
取出海螺肉，去掉内脏。

步骤三：
将海螺加入淀粉、白醋反复搓洗。

步骤四：
用清水将海螺肉漂洗干净。

图 16-3　海螺的初加工

六、评价标准

评价标准见表 16-1。

表 16-1　评价标准

原料名称	评价标准	总分	得分
海螺	初加工好的海螺应表面洁净、形态规整、无损伤	20	
	处理时间不超过 20 分钟	10	
	适合在砧板上加工成片、丁、丝等形状	50	
	操作过程符合水台卫生标准	20	
合计		100	

七、拓展任务

（一）象拔蚌

1．象拔蚌简介

象拔蚌（图 16-4）是商业名称，其物种名为"太平洋潜泥蛤"，是一种高级海鲜，原产地在美国和加拿大北太平洋沿海。因其具有又大又多肉的虹管，故被人们称为"象拔蚌"。当地人并不吃象拔蚌，所以象拔蚌生长状况良好。但自从亚洲移民开始捕食北美的象拔蚌，使当地的象拔蚌濒临绝种。20世纪90年代后期，中国东南部沿海开始引进养殖。

图 16-4　象拔蚌

2．象拔蚌的初加工

象拔蚌的初加工如图 16-5 所示。

步骤一：
刷洗象拔蚌的表面。

步骤二：
将象拔蚌的壳撬开。

步骤三：
打开象拔蚌的壳。

步骤四：
取出象拔蚌的肉。

步骤五：
切去肉中不可食用的部分。

步骤六：
去除象拔蚌的内脏。

图 16-5　象拔蚌的初加工

步骤七：
从象拔蚌肉的中间将其划开。

步骤八：
用清水冲洗干净。

图 16-5　象拔蚌的初加工（续）

3．成品标准

象拔蚌成品标准如图 16-6 所示。

图 16-6　象拔蚌成品标准

任务五 白虾的初加工

一、任务描述

[内容描述]

在水台岗位环境中,运用剥、挑等技法完成白虾的初加工。

[学习目标]

(1) 了解白虾的初加工操作要求。
(2) 能够对白虾的品质进行鉴别。
(3) 能够运用剥、挑等技法对白虾原料进行初加工。
(4) 能够对白虾及其剩余原料进行保管。
(5) 培养学生养成良好的操作习惯。

二、相关知识

(一)白虾的初加工技法

(1) 较大的白虾,可采用剥壳方法,以保持肉形完整。
(2) 较小的白虾,可采用挤捏法,用手捏住虾的头部和尾部,将虾肉向背颈部一挤,虾肉即脱壳而出。
(3) 要剔除白虾肉背上的黑线,否则腥味难以去除。

(二)白虾的相关知识

白虾是白虾属甲壳动物的统称,产于中国附近海域,因甲壳较薄、色素细胞少,平时身体透明,死后肌肉呈白色而得名。多数种生活于近岸的浅海或河口附近的咸淡水域,只有少数种(如秀丽白虾)生活在纯淡水的江河、湖泊中,一般只在泥沙底上活动,平时用步足缓慢爬行,偶尔也用游泳足(腹肢)划水短距离游泳。

（三）白虾的品质鉴定

新鲜虾的壳与肌肉之间黏得很紧密，用手剥取虾肉时，需要稍用一些力气才能剥掉虾壳。新鲜虾的虾肠组织与虾肉也黏得较紧，但冷藏虾的肠与肉黏得不太紧密，假如虾肠与虾肉出现松离现象，则表示虾不新鲜。选购活虾时，如果虾不时产生气泡，也是其新鲜的表现。虾壳须硬，色青光亮，眼突，肉结实，味腥的为优；若壳软，色灰浊，眼凹，壳肉分离的为次；色黄发暗，头脚脱落，肉松散的为劣。

（四）白虾的烹饪方法

以虾为主料制作的菜肴，色、香、味俱全，如"碧绿虾仁""炒虾饼"和"三鲜虾豆腐"等名菜均出于技艺高超的厨师之手，味道令人赞不绝口。

三、成品标准

白虾的初加工完成后，应去除虾足、沙线、虾枪，清洗后表面光洁，肉无破损，如图 17-1 所示。

图 17-1　白虾成品标准

四、加工前准备

1．工作环境

室内常温，光线明亮，有上下水、水池、工作台和相对独立的工作环境。

2．原料准备

白虾 500 克，如图 17-2 所示。

3．工具

申购单、领料单、菜墩、片刀、刮皮刀、刮鳞器、镊子、刀架、挡刀棍、磨刀石、料筐、桶、盆、

图 17-2　白虾

方盘、马斗、保鲜膜。

4. 设备

不锈钢四门冰柜、水台消毒池、肉类清洗池、蔬菜清洗池、海鲜养殖池、操作台。

五、加工过程

白虾的初加工如图 17-3 所示。

步骤一：
去掉虾足。

步骤二：
剪去虾枪。

步骤三：
挑去白虾的沙包。

步骤四：
剪开白虾的背部。

步骤五：
去除白虾的沙线。

图 17-3　白虾的初加工

六、评价标准

评价标准见表 17-1。

表 17-1　评价标准

原料名称	评价标准	总分	得分
白虾	初加工好的白虾洁净、形态规整	20	
	处理时间不超过 20 分钟	10	
	适合在砧板上加工成片、丁、球等形状	50	
	操作过程符合水台卫生标准	20	
合计		100	

七、拓展任务

（一）龙虾

1. 龙虾的相关知识

龙虾（图17-4）又名大虾、龙头虾、虾魁、海虾等。它头胸部较粗大，外壳坚硬，色彩斑斓，腹部短小，体长一般为20～40厘米，无螯，是虾类中最大的一种。龙虾体呈粗圆筒状，背腹稍平扁，头胸甲发达，坚厚多棘，前缘中央有一对强大的眼上棘，具封闭的鳃室。

图17-4 龙虾

2. 龙虾的初加工

龙虾的初加工如图17-5所示。

步骤一：
排出龙虾身体内的排泄物。

步骤二：
在龙虾头部划一圈，去壳。

步骤三：
将龙虾的头与身体分离。

步骤四：
去除包线。

步骤五：
打开龙虾的腹部的壳。

步骤六：
取出龙虾肉。

图17-5 龙虾的初加工

3．成品标准

龙虾成品标准如图 17-6 所示。

（二）对虾

1．对虾简介

对虾（图 17-7）是我国特产，因其个大，出售时常成对出售而得名。对虾生活在暖海里，夏、秋两季能够在渤海湾生活和繁殖，冬季要长途迁移到黄海南部海底水温较高的水域去避寒，冬季它们的活动能力很差，也不捕食。刚孵出的小虾身体结构要发生很多变化，经过20多次蜕皮才长为成虾。雄虾当年成熟，雌虾出生后的第二年才成熟。虾有两倍于身体长的细长触须，用来感知周围的水体情况，胸部强大的肌肉有利于长途洄游。其腹部的尾扇可用来维持身体的平衡，也可以反弹后退。

图 17-6　龙虾成品标准

图 17-7　对虾

2．对虾的初加工

对虾的初其加工如图 17-8 所示。

步骤一：
去掉虾枪。

步骤二：
去掉虾爪。

步骤三：
将对虾劈开。

步骤四：
去除沙线。

图 17-8　对虾的初加工

3．成品标准

对虾成品标准如图 17-9 所示。

图 17-9　对虾成品标准

任务六　河蟹的初加工

一、任务描述

[内容描述]

在水台岗位环境中，运用刷、起壳等技法完成河蟹的初加工。

[学习目标]

（1）了解河蟹的初加工操作要求。
（2）能够对河蟹的品质进行鉴别。
（3）能够运用刷、起壳等技法对河蟹进行初加工。
（4）能够对河蟹及其剩余原料进行保管。
（5）培养学生养成良好的操作习惯。

二、相关知识

（一）河蟹的相关知识

河蟹也叫"螃蟹"或"毛蟹"，头部和胸部结合而成的头胸甲呈方圆形，质地坚硬。身体前端长着一对眼，侧面具有两对十分坚固锐利的蟹齿。河蟹最前端的一对附肢叫螯足，表面长满绒毛；螯足之后有4对步足，侧扁而较长；腹肢已退化。河蟹的雌雄可从它的腹部辨别：雌性腹部脐呈圆形，雄性腹部脐为三角形。成蟹背面墨绿色，腹面灰白色，头胸甲平均长7厘米，宽7.5厘米。河蟹常穴居于江、河、湖沼的泥潭，夜间活动，以鱼、虾、动物尸体和谷物为食。每年秋季常洄游到出海的河口产卵，第二年3～5月孵化，发育成幼蟹后，再溯江河而上，在淡水中继续发育长大。河蟹的肉质鲜嫩，是深受人们喜爱的一味食品。河蟹学名中华绒螯蟹，属名贵淡水产品，味道鲜美，营养丰富，具有很高的经济价值。

（二）河蟹的品质鉴定

挑选河蟹时，一看蟹壳。凡壳背呈黑绿色，带有亮光，都为肉厚壮实；壳背呈黄色的，大多较瘦弱。二看肚脐。肚脐凸出来的，一般都膏肥脂满；凹进去的，大多膘体不足。三看螯足。凡螯足上绒毛丛生，螯足老健；而螯足无绒毛，则体软无力。四看活力。将螃蟹翻转身来，腹部朝天，能迅速用螯足弹转翻回的，活力强，可保存；不能翻回的，活力差，存放的时间不能长。五看雌雄。农历八九月里挑雌蟹，九月过后选雄蟹，因为雌雄螃蟹分别在这两个时期性腺成熟，滋味营养最佳。仔细研究并参照这"五看"，就能把优质蟹从众多的螃蟹中挑选出来。

（三）河蟹的烹饪方法

以河蟹为主料制作的菜肴以"清蒸"为主，味道鲜美，深受消费者喜爱。

三、成品标准

河蟹的初加工完成后，应起壳完整，去鳃干净，刷洗后表面光洁，形态完整，无破损，如图 18-1 所示。

图 18-1　河蟹成品标准

四、加工前准备

1．工作环境

室内常温，光线明亮，有上下水、水池、工作台和相对独立的工作环境。

2．原料准备

河蟹 4 只，如图 18-2 所示。

图 18-2　河蟹

3．工具

申购单、领料单、菜墩、片刀、刮皮刀、刮鳞器、镊子、刀架、挡刀棍、磨刀石、料筐、桶、盆、方盘、马斗、保鲜膜。

4．设备

不锈钢四门冰柜、水台消毒池、肉类清洗池、蔬菜清洗池、海鲜养殖池、操作台。

五、加工过程

河蟹的初加工如图 18-3 所示。

步骤一： 去掉河蟹尾部。

步骤二： 打开蟹壳。

步骤三： 清除蟹壳内部的鳃部及其他杂物。

步骤四： 刷洗河蟹内部。

步骤五： 清洗河蟹壳。

图 18-3　河蟹的初加工

六、评价标准

评价标准见表 18-1。

表 18-1 评价标准

原料名称	评价标准	总分	得分
河蟹	初加工好的河蟹洁净、形态规整	20	
	处理时间不超过 20 分钟	10	
	适合在砧板上加工成整蟹、块等形状	50	
	操作过程符合水台卫生标准	20	
合计		100	

七、拓展任务

（一）膏蟹

1．膏蟹简介

属于海南四大名菜之一的"和乐蟹"俗称膏蟹（图 18-4），产于海南万宁市和乐镇。其膏满肉肥，素与鲍鱼、海参相媲美，享有"水产三珍"之誉。膏蟹的特色是脂膏金黄油亮，犹如咸鸭蛋黄，脂膏几乎整个覆于后盖，膏质坚挺。金秋时节，菊香蟹肥。品蟹的方法颇多，可以炒吃或煮吃，也可以做蟹酱汤吃等。膏蟹的独特吃法有两种，一种是五味煎蟹。万宁食店大多采用团脐母蟹，经油煎后施以多种调料烹制而成，成菜色泽红亮，膏多粉润而有弹性，壳薄肉质鲜嫩爽口，百啖不厌。另一种是蒸大红膏蟹。此道食谱为万宁当地传统名菜，选用个大脂膏丰满的雌蟹蒸熟，以多种味料尤其是鲜辣椒橘子蘸食。其特点是壳色大红、壳内膏黄顶角，肉白鲜美，膏黄甘香，独具风味，诱人馋涎。

图 18-4 膏蟹

2. 膏蟹的初加工

膏蟹的初加工如图 18-5 所示。

步骤一：
用刀起开蟹壳。

步骤二：
找到鳃。

步骤三：
将鳃去除后，刷洗膏蟹身体两侧。

步骤四：
将膏蟹上壳取出蟹黄后，用毛刷洗刷表面泥沙及杂物。

图 18-5　膏蟹的初加工

3. 成品标准

膏蟹成品标准如图 18-6 所示。

图 18-6　膏蟹成品标准

（二）梭子蟹

1. 梭子蟹简介

梭子蟹（图 18-7），有些地方俗称"白蟹"。因头胸甲呈梭子形，故名。甲壳的中央有三个突起，所以又称"三疣梭子蟹"，属于甲壳动物。雄性脐尖而光滑，螯长大，壳面带青色；雌性脐圆有绒毛，壳面呈赭色，或有斑点。梭子蟹肉肥味美，有较高的营养价值和经济价值，且适宜于海水暂养增肥。头胸甲梭形，宽几乎为长的2倍；头胸甲表面覆盖有细小的颗粒。

图18-7　梭子蟹

2．梭子蟹的初加工

梭子蟹的初加工如图18-8所示。

步骤一：
取下梭子蟹的壳。

步骤二：
去除梭子蟹的鳃。

步骤三：
刷洗梭子蟹的表面和蟹壳。

图18-8　梭子蟹的初加工

3．成品标准

梭子蟹成品标准如图18-9所示。

图18-9　梭子蟹成品标准

附 录

附录1 水台开档与收档

一、水台开档

1. 水台开档主要工作步骤

（1）取适量的洗手液放入掌心。
（2）掌心对掌心搓揉。
（3）手指交错，掌心对手背揉搓。
（4）手指交错，掌心对掌心揉搓。
（5）双手互握，相互揉搓。
（6）一只手的指心在另一只手的掌心揉搓。
（7）左手自右手腕部、前臂至肘部旋转揉搓。
（8）观察海河鲜饲养池中鱼、虾、蟹的情况，若有死亡的，及时捞出。
附图1-1为水台开档中的清洗双手和检查饲养池步骤。

清洗双手	检查饲养池

附图1-1 水台开档

2. 清洁水台区域

放入3∶10 000的优氯净溶液中浸泡20分钟，取出用清水冲净。马斗、菜筐、方盘和刀具要求干净、光亮、无油渍、无杂物，如附图1-2所示。

附图1-2　清洁水台区域

3. 清洗工具和墩面

（1）用热水擦洗干净后，将3∶10 000的优氯净倒在墩子上，用板刷把整个墩子刷洗后再用清水冲净，竖放在通风处。

（2）要求砧板和其他工具无油，墩面洁净、平整，无异味，无霉点。要求墩面无油，洁净、平整，无异味，无霉点。用板刷将所有的工具清洗干净，要求干净、无异味、无油污，如附图1-3所示。

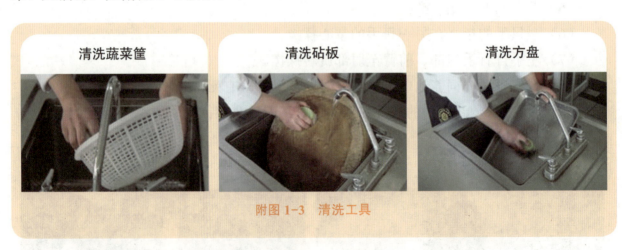

附图1-3　清洗工具

4. 领取原料

打扫完卫生后，查看提前开出的原料单据，根据数量和规格，到原料库房领取原料，如附图1-4所示。在领料过程中应将所领取的原料上称称量或点数，以免和领料单上的原料重量或数目不符。接下来，将原料拿入厨房，仔细检查原料的质量，包括外观和内在质量，如发现有腐烂变质、不新鲜的原料，应立即退还库房，绝对不能用其制作菜肴。

附图 1-4　领料

二、水台收档

1．清理及保管原料

（1）将初加工后的原料封上保鲜膜，收入冰箱，如附图 1-5 所示。

（2）收档时清洁操作台面及工具、设备。

（3）清理冰箱时，注意冰箱门内侧的密封皮条和排风口须擦至无油泥，无霉点。先用洗涤剂水将冰箱外部擦至无油，再用清水擦两遍，以清除冰箱把手和门沿上的油泥，最后用干布把冰箱整个外部擦干至光洁。

（4）用洗涤剂水清洗水池并捡出底部杂物，使其光亮如新，无油污。

附图 1-5　保管原料

2．清洁工作区域及海鲜养殖池

先将地面打扫干净并将杂物倒入垃圾箱，再用湿拖布浇上温水沏制的洗涤剂水，从里向外由厨房一端横向擦至另一端。用清水洗净拖布后，反复擦两遍地，然后将用过的工具放回原处，如附图 1-6 所示。

附图 1-6 清洁

附录2　水台常用设备与工具

一、水台常用设备

水台常用设备有不锈钢四门冰柜、水台消毒池、肉类清洗池、操作台、单槽水池、海鲜饲养池，如附图1-7所示。

附图1-7　水台常用设备

二、水台常用工具

水台常用工具有柳刀、刮皮刀、剪子、砍刀、镊子、刮鳞器、挡刀棍、保鲜膜、托盘，如附图1-8所示。

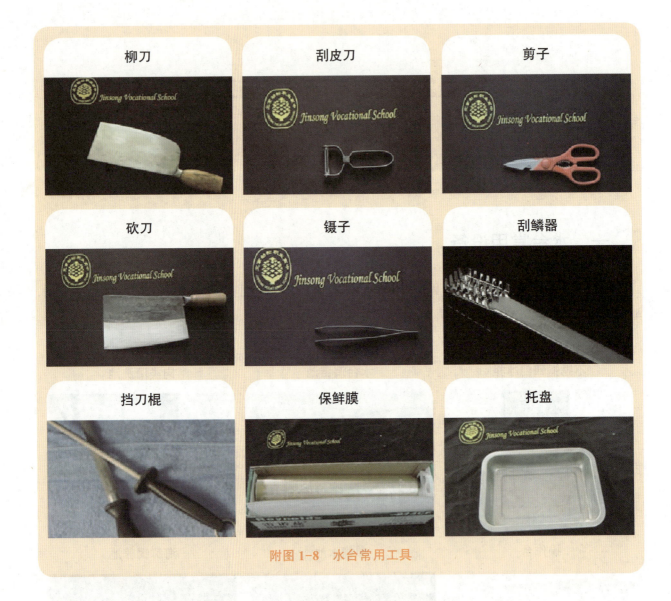

附图 1-8　水台常用工具